Christian Brückner

MIG-Schweißen von Aluminiumwerkstoffen im Fahrzeugbau

Eine technologische Untersuchung

IGEL Verlag

Brückner, Christian
MIG-Schweißen von Aluminiumwerkstoffen im Fahrzeugbau
Eine technologische Untersuchung

1. Auflage 2009 | ISBN: 978-3-86815-232-6

© IGEL Verlag GmbH, 2009. Alle Rechte vorbehalten.

Die Deutsche Bibliothek verzeichnet diesen Titel in der Deutschen Nationalbibliografie.
Bibliografische Daten sind unter http://dnb.ddb.de verfügbar.

Dieses Fachbuch wurde nach bestem Wissen und mit größtmöglicher Sorgfalt erstellt. Im Hinblick auf das Produkthaftungsgesetz weisen Autoren und Verlag darauf hin, dass inhaltliche Fehler und Änderungen nach Drucklegung dennoch nicht auszuschließen sind. Aus diesem Grund übernehmen Verlag und Autoren keine Haftung und Gewährleistung. Alle Angaben erfolgen ohne Gewähr.

IGEL Verlag

Inhaltsverzeichnis

Tabellen und Abbildungen	V
Abkürzungsverzeichnis	IX
Formelverzeichnis	XII
1 Einleitung	**1**
1.1 Firmenportrait	1
1.1.1 Historische Entwicklung	1
1.1.2 Das Unternehmen	1
1.1.3 Marken	1
1.1.4 Innovationen	2
1.2 Standort Dingolfing	2
1.2.1 Allgemein	2
1.2.2 Fertigungsbereiche	3
1.2.3 Abteilung TA-3	4
2 Stand der Technik	**6**
2.1 Werkstoff - Aluminium	6
2.1.1 Grundlagen	6
2.1.1.1 Allgemein	6
2.1.1.2 Gewinnung	6
2.1.1.3 Eigenschaften	7
2.1.1.4 Oxidschicht	7
2.1.2 Legierungen	8
2.1.2.1 Allgemein	8
2.1.2.2 Nichtaushärtbare Legierungen	9
2.1.2.3 Aushärtbare Legierungen	9
2.1.2.4 Knetlegierungen	9
2.1.2.5 Gusslegierungen	10
2.1.3 Schweißeignung	10
2.1.3.1 Allgemein	10
2.1.3.2 Oberfläche	10
2.1.3.3 Wasserstofflöslichkeit	11
2.1.3.4 Porenbildung	12
2.1.3.5 Kerbempfindlichkeit	12
2.1.3.6 Entfestigung	12
2.1.3.7 Rissneigung	12
2.1.3.8 Korrosion	13
2.2 Grundlagen - Schweißen	13
2.2.1 Allgemein	13
2.2.2 Einteilung	14

2.2.3 Schweißbarkeit	15
2.2.4 Schweißanordnungen	16
2.2.4.1 Schweißpositionen	16
2.2.4.2 Stöße und Nähte	16
2.2.4.3 Brennerstellung	17
2.3 MIG-Schweißprozess	18
2.3.1 Allgemein	18
2.3.2 Schutzgase	20
2.3.3 Vorgänge im Lichtbogen	23
2.3.4 Werkstoffübergang	23
2.3.5 Lichtbogenarten	25
2.3.6 Impulslichtbogen	26
2.3.6.1 Allgemein	27
2.3.6.2 DC-Impulslichtbogen	27
2.3.6.3 DCo-Impulslichtbogen	27
2.3.6.4 AC-Impulslichtbogen	28
2.3.7 Stromquelle	29
2.3.7.1 Allgemein	29
2.3.7.2 Analoge Regelung	30
2.3.7.3 Primärtaktung	30
2.3.7.4 Sekundärtaktung	31
2.3.7.5 Vollständige Digitalisierung	31
3 Praktische Voruntersuchung	**33**
3.1 Allgemein	33
3.2 Gasoptimierung	33
3.2.1 Erläuterung	33
3.2.2 Schweißnähte	33
3.2.3 Auswertung	37
3.3 Benneroptimierung	37
3.3.1 Erläuterung	37
3.3.2 Schweißnähte	39
3.3.3 Auswertung	41
4 Praktische Hauptuntersuchung	**42**
4.1 Problematik	42
4.1.1 Aufgabenstellung	42
4.1.2 Stromversorgungskabel	42
4.1.3 Theoretische Grundlagen	44
4.1.3.1 Strom und Spannung	44
4.1.3.2 Gleich- und Wechselstromnetze	44
4.1.3.3 Reihenschaltung	45

4.1.4 Theoretische Berechnung	45
4.1.4.1 Ohmscher Widerstand	45
4.1.4.2 Induktiver Widerstand	46
4.1.4.3 Auswertung	47
4.2 Versuchsanlage	47
4.2.1 Schweißbrenner	47
4.2.2 Stromquelle	48
4.2.3 Steuereinheit	49
4.2.4 Gasanschluss	50
4.2.5 Drahtabwicklung	50
4.2.6 Messwerterfassung	51
4.2.7 Messung und Messbereich	52
4.2.8 Messwertcharakter	53
4.2.8.1 Allgemein	53
4.2.8.2 Spitzenwert	54
4.2.8.3 Effektivwert	54
4.2.9 Weitere Untersuchungen	54
4.3 Versuchswerkstoffe	55
4.3.1 AlSi5 - Zusatzwerkstoff	55
4.3.2 AlMg3 - Grundwerkstoff	56
4.3.3 Reinigungsprozess	56
4.4 Schweißkonfigurationen	57
4.4.1 Erläuterung	57
4.4.2 Übersicht	58
4.5 Schweißparameter	58
4.5.1 Erläuterung	58
4.5.2 Drahtvorschub	62
4.5.3 Gasvorströmzeit	62
4.5.4 Leistungs- und Impulsparameter	63
4.5.4.1 Brennervorschub [v_B]	63
4.5.4.2 Drahtvorschub [v_D]	63
4.5.4.3 Impulsfrequenz [f_P]	64
4.5.4.4 Grundstromphase [I_G & U_G]	64
4.5.4.5 Impulsstromphase [I_P & U_P]	64
4.5.4.6 Impulszeit [t_P]	64
4.5.5 Stromfläche und Lichtbogenlänge	65
4.6 Impulsform	65
4.6.1 Erläuterung	65
4.6.2 Einstellungen	67
4.6.3 Analoge und Digitale Signale	71

4.7 Lichtbogenlängenregelung	72
4.7.1 Erläuterung	72
4.7.2 Regelung	72
4.7.3 U/I-Regelung	73
4.7.4 I/I-Regelung	74
4.8 Prozessregler	74
4.8.1 RPA-Datei	74
4.8.2 Kurzschlussbehandlung	75
4.8.2.1 Erläuterung	75
4.8.2.2 Wirkungsprinzip	76
4.8.2.3 Deaktivierung	77
4.8.3 L-Kennlinienregler	77
4.8.3.1 Erläuterung	77
4.8.3.2 Wirkungsprinzip	78
4.8.3.3 Deaktivierung	78
5 Versuchsauswertung	**80**
5.1 U/I-Regelung - Übersicht1:	80
5.1.1 Erläuterung	80
5.1.2 Grundkonfigurationen: [U/I]	80
5.1.3 Feste Prozessparameter - 15m gewickelt	85
5.1.4 Kompensierte Prozessparameter - 15m gewickelt	90
5.2 U/I-Regelung - Übersicht2	95
5.2.1 Feste Prozessparameter - Massekabeländerung	95
5.2.2 Massekabeländerung - Analog KSB	99
5.2.3 Massekabeländerung - Analog NoKSB	108
5.3 I/I-Regelung - Übersicht	111
5.3.1 Grundkonfigurationen: [I/I]	111
5.3.2 Massekabeländerung - Digital NoKSB	112
5.3.3 Massekabeländerung - Digital KSB	117
6 Zusammenfassung	**121**
7 Fazit	**125**
Anlagen	**126**
Literaturverzeichnis	**130**

Abbildungsverzeichnis

Abbildung-001: Werk 2.1, Dingolfing   3
Abbildung-002: Presswerk   4
Abbildung-003: Rohbau   4
Abbildung-004: Lackiererei   4
Abbildung-005: Montage [1]   4
Abbildung-006: Fahrwerks- und Antriebskomponenten   5
Abbildung-007: Bayer-Prozess   7
Abbildung-008: Schmelzflusselektrolyse   7
Abbildung-009: Wasserstofflöslichkeit   11
Abbildung-010: Fertigungsverfahren nach DIN 8580   14
Abbildung-011: Fügeverfahren nach DIN 8593   14
Abbildung-012: Schweißverfahren nach DIN 1910   15
Abbildung-013: Schweißbarkeit   16
Abbildung-014: Brennerstellung - Längs zur Naht   18
Abbildung-015: MSG-Schweißprozess   19
Abbildung-016: Einbrand - Argon   22
Abbildung-017: Einbrand - Helium   22
Abbildung-018: Kräfte im Lichtbogen   24
Abbildung-019: Lichtbogenvorgänge   25
Abbildung-020: Leistungsbereich   26
Abbildung-021: DC-Lichtbogen - [IG +]   28
Abbildung-022: DCo-Lichtbogen - [IG +/o]   28
Abbildung-023: AC-Lichtbogen - [IG +/o/-]   29
Abbildung-024: Einteilung Transistorstromquellen   30
Abbildung-025: Schweißnahtpositionen   33
Abbildung-026: Optimierungsversuche   33
Abbildung-027: Schliffbilder1 - [Nahtquerschnittsfläche]   34
Abbildung-028: Schliffbilder2 - [Nahtquerschnittsfläche]   35
Abbildung-029: Schliffbilder3 - [Nahtquerschnittsfläche]   36
Abbildung-030: Schliffbilder - [a-Maß]   36
Abbildung-031: Visueller Eindruck   37
Abbildung-032: Brenner & Schweißnahtposition   38
Abbildung-033: Visueller Eindruck   39
Abbildung-034: Visueller Eindruck und Schliffbilder   40
Abbildung-035: Schliffbilder - [a-Maß]   41
Abbildung-036: Stromversorgungskabel   43
Abbildung-037: Massekabelkonfiguration   44
Abbildung-038: Ohmsche & Induktive Widerstände   45

Abbildung-039: Brenner - CLOOS	48
Abbildung-040: Stromquelle	49
Abbildung-041: Hauptplatine [K2/K3]	49
Abbildung-042: Brenner [Pull]	50
Abbildung-043: Probeblech	50
Abbildung-045: Steuereinheit	51
Abbildung-044: Drahtwicklung[Push]	50
Abbildung-046: Gasanschluss	51
Abbildung-047: Analysator-Hannover	52
Abbildung-048: Hall-Sensor	52
Abbildung-049: Messbereich der Versuchsreihen	53
Abbildung-050: LEICA-Mikroskop	54
Abbildung-051: KODAK-Kamera	54
Abbildung-052: Schliffbild	55
Abbildung-053: Tropfenablösung	55
Abbildung-054: Schweißkonfigurationen U/I	58
Abbildung-055: Schweißkonfigurationen I/I	58
Abbildung-056: Sehr schlechte Schweißnaht	60
Abbildung-057: Sehr gute Schweißnaht	60
Abbildung-058: Reinigungszone	60
Abbildung-059: Struktur-Blechoberfläche	60
Abbildung-060: Struktur-Reinigungszone	60
Abbildung-061: Schweißparameter	61
Abbildung-062: Blechabmessungen	62
Abbildung-063: vD1 = 4,0m/min	62
Abbildung-064: vD2 = 3,0m/min	62
Abbildung-065: Gasvorströmzeit	63
Abbildung-066: Impulsformerzeugung - U/I-Regelung	66
Abbildung-067: Impulsformerzeugung - I/I-Regelung	67
Abbildung-068: Erläuterung der Diagramme	69
Abbildung-069: Impulsformen - U/I Analog KSB	70
Abbildung-070: Impulsformen - U/I Digital KSB	70
Abbildung-071: Impulsformen - I/I Digital KSB	71
Abbildung-072: ΔI-Regelung	73
Abbildung-073: ΔU-Regelung	74
Abbildung-074: CompactFlash auf der Hauptplatine der Schweißstromquelle	75
Abbildung-075: K2 mit festen PP 5m normal - Schweißnähte	82
Abbildung-076: K2 mit festen PP 5m normal - Strom & Spannung	82
Abbildung-077: K3 mit festen PP 5m normal - Schweißnähte	83
Abbildung-078: K3 mit festen PP 5m normal - Strom & Spannung	83

Abbildung-079: K2/K3 mit festen PP - Schliffbilder der Grundkonfigurationen 84
Abbildung-080: K2/K3 mit festen PP - Stromflächen der Grundkonfigurationen 85
Abbildung-081: K2 mit festen PP 15m gewickelt - Schweißnähte 86
Abbildung-082: K2 mit festen PP 15m gewickelt - Strom & Spannung 87
Abbildung-083: K3 mit festen PP 15m gewickelt - Schweißnähte 88
Abbildung-084: K3 mit festen PP 15m gewickelt - Strom & Spannung 89
Abbildung-085: K2 mit festen PP 15m gewickelt - Stromflächen 89
Abbildung-086: K3 mit festen PP 15m gewickelt - Stromflächen 90
Abbildung-087: K2 mit kompensierten PP 15m gewickelt - Schweißnähte 91
Abbildung-088: K2 mit kompensierten PP 15m gewickelt - Strom & Spannung 92
Abbildung-089: K3 mit kompensierten PP 15m gewickelt - Schweißnähte 92
Abbildung-090: K3 mit kompensierten PP 15m gewickelt - Strom & Spannung 93
Abbildung-091: K2 mit kompensierten PP 15m gewickelt - Stromflächen 94
Abbildung-092: K3 mit kompensierten PP 15m gewickelt - Stromflächen 95
Abbildung-093: K2 mit festen PP Analog NoKSB - Strom & Spannung 96
Abbildung-094: K2 mit festen PP Analog KSB - Strom & Spannung 96
Abbildung-095: K2 mit festen PP Digital NoKSB - Strom & Spannung 97
Abbildung-096: K2 mit festen PP Digital KSB - Strom & Spannung 97
Abbildung-097: K3 mit festen PP Analog NoKSB - Strom & Spannung 98
Abbildung-098: K3 mit festen PP Analog KSB - Strom & Spannung 98
Abbildung-099: K3 mit festen PP Digital NoKSB - Strom & Spannung 99
Abbildung-100: K3 mit festen PP Digital KSB - Strom & Spannung 99
Abbildung-101: K2 mit festen PP - Schweißnähte 100
Abbildung-102: K3 mit festen PP - Schweißnähte 101
Abbildung-103: K2 mit festen PP - Strom & Spannung 101
Abbildung-104: K3 mit festen PP - Strom & Spannung 102
Abbildung-105: K2/K3 mit festen PP - Stromflächen 103
Abbildung-106: K2/K3 mit festen PP – Schliffbilder 103
Abbildung-107: K2/K3 mit festen PP - Häufigkeitsverteilung IS & US 104
Abbildung-108: K2 mit kompensierten PP – Schweißnähte 104
Abbildung-109: K3 mit kompensierten PP – Schweißnähte 105
Abbildung-110: K2 mit kompensierten PP - Strom & Spannung 105
Abbildung-111: K3 mit kompensierten PP - Strom & Spannung 106
Abbildung-112: K2/K3 mit kompensierten PP - Stromflächen 107
Abbildung-113: K2/K3 mit kompensierten PP – Schliffbilder 107
Abbildung-114: K2/K3 mit kompensierten PP - Häufigkeitsverteilung IS & US 108
Abbildung-115: K3 mit festen PP Analog NoKSB – Schliffbilder 109
Abbildung-116: K3 mit festen PP Analog NoKSB - Schweißnähte 109
Abbildung-117: K3 mit festen PP Analog NoKSB - Strom & Spannung 110
Abbildung-118: K3 mit festen PP Analog NoKSB - Häufigkeitsverteilung IS & US 110

Abbildung-119: K3 mit festen PP Analog NoKSB - Stromflächen   111
Abbildung-120: I/I Grundkonfigurationen - Strom & Spannung   112
Abbildung-122: I/I mit festen PP Digital NoKSB - Strom & Spannung   113
Abbildung-123: I/I mit kompensierten PP Digital NoKSB - Strom & Spannung   114
Abbildung-124: I/I Digital NoKSB - Schweißnähte   115
Abbildung-125: I/I Digital NoKSB – Schliffbilder   116
Abbildung-126: I/I Digital NoKSB - Häufigkeitsverteilung IS & US   116
Abbildung-127: I/I Digital NoKSB - Stromflächen   116
Abbildung-128: I/I mit festen PP Digital KSB - Strom & Spannung   118
Abbildung-129: I/I mit kompensierten PP Digital KSB - Strom & Spannung   118
Abbildung-130: I/I Digital KSB - Schweißnähte   119
Abbildung-131: I/I Digital KSB - Schliffbilder   119
Abbildung-132: I/I Digital KSB - Häufigkeitsverteilung IS & US   120
Abbildung-133: I/I Digital KSB - Stromflächen   120
Abbildung-134: KSB mit festen PP 15m gewickelt – Schweißnähte   124
Abbildung-135: I/I - Neuer Stand   124
Abbildung-136: U/I - Alter Stand   124
Abbildung-137: Alle Optimierungen [Alter und Neuer Stand]   125

Tabellenverzeichnis

Tabelle-01: Eigenschaften - Aluminium und Eisen	8
Tabelle-02: Schweißpositionen und Nähte [ISO 6947]	17
Tabelle-03: Beispiele für Nähte und Stöße	18
Tabelle-04: Aktivgaszumischungen	20
Tabelle-05: Eigenschaften - Argon	21
Tabelle-06: Eigenschaften - Helium	22
Tabelle-07: Lichtbogenarten	26
Tabelle-08: Stromquelle - Datenblatt	49
Tabelle-09: Mechanische Eigenschaften [AlSi5]	55
Tabelle-10: Chemische Zusammensetzung in % [AlSi5]	56
Tabelle-11: Mechanische Eigenschaften [AlMg3]	56
Tabelle-12: Chemische Zusammensetzung in % [AlMg3]	56
Tabelle-13: Basisparameter	61
Tabelle-14: Impulsformen - U/I-Regelung	68
Tabelle-15: Impulsformen - I/I-Regelung	68
Tabelle-16: Prozessregler - Kurzschlussbehandlung	77
Tabelle-17: Prozessregler - L-Kennlinienregler	78
Tabelle-18: Diagramme - Übersicht1 [U/I-Regelung]	80
Tabelle-19: K2 mit festen PP 5m normal - Messwerte	81
Tabelle-20: K3 mit festen PP 5m normal - Messwerte	82
Tabelle-21: K2 mit festen PP 15m gewickelt - Messwerte	86
Tabelle-22: K3 mit festen PP 15m gewickelt - Messwerte	88
Tabelle-23: K2 mit kompensierten PP 15m gewickelt - Messwerte	91
Tabelle-24: K3 mit kompensierten PP 15m gewickelt - Messwerte	92
Tabelle-25: Diagramme - Übersicht2 [U/I-Regelung]	95
Tabelle-26: K2 mit festen PP - Messwerte	100
Tabelle-27: K3 mit festen PP - Messwerte	100
Tabelle-28: K2 mit kompensierten PP - Messwerte	104
Tabelle-29: K3 mit kompensierten PP - Messwerte	105
Tabelle-30: K3 mit festen PP Analog NoKSB - Messwerte	109
Tabelle-31: Diagramme - Übersicht [I/I-Regelung]	111
Tabelle-32: I/I Digital NoKSB - Messwerte	114
Tabelle-33: I/I Digital KSB - Prozessparameter	119
Tabelle-34: U/I-Regelung - Zusammenfassung	123
Tabelle-35: I/I-Regelung - Zusammenfassung	123
Tabelle-36: U/I-Regelung - Alle gefahrenen Versuche	126
Tabelle-37: I/I-Regelung - Alle gefahrenen Versuche	127
Tabelle-38: RPA-Regler - Teil1	127

Tabelle-39: RPA-Regler - Teil2 128
Tabelle-40: U/I-Regelung - Impulsformen 129
Tabelle-41: I/I-Regelung - Impulsformen 129

Abkürzungsverzeichnis

A/D	Analog/Digital
AC/DC	Wechselstrom/ Gleichstrom
DIN	Deutsches Institut für Normung
EMU	Elektromagnetisches Umformen
EN	Europäische Normung
FlaF	Flanke fallend
FlaS	Flanke steigend
GEW	gewickelt
GEZ	gezogen
Gwt	Grenzwert
IHU	Innen-Hochdruck-Umformen
kfz	kubisch-flächenzentriert
krz	kubisch-raumzentriert
KS	Kurzschluss - kurzschlussbehaftet
KSB	mit Kurzschlussbehandlung
MAG	Metall-Aktivgas
MIG	Metall-Inertgas
MSG	Metall-Schutzgas
MK	Massekabel
NoKS	ohne Kurzschlüsse - kurzschlussfrei
NoKSB	ohne Kurzschlussbehandlung
PP-FEST	feste Prozessparameter
PP-KOMP	kompensierte Prozessparameter
ppm	parts per million
Reg	Regler
Swt	Sollwert
Um	Umschaltpunkt
WIG	Wolfram-Inertgas

Formelverzeichnis

Zeichen	Einheit	Bedeutung
A	[%]	Bruchdehnung
f_P	[Hz]	Impulsfrequenz
F_P	[N]	Pinch-Kraft
I_G	[A]	Spitzenwert Grundstrom
I_P	[A]	Spitzenwert Impulsstrom
I_S	[A]	Effektivwert Schweißstrom
L	[H]	Induktivität
N	Keine Einheit	Windungszahl
R	[Ω]	ohmscher Widerstand
R_m	[N/mm²]	Zugfestigkeit
$R_{p0,2}$	[N/mm²]	Dehngrenze
T	[ms]	Periodendauer
t_n	[ms]	negative Grundstromzeit
t_{Gas}	[s]	Gasvorströmzeit
t_P	[ms]	Impulszeit
U_G	[V]	Spitzenwert Grundspannung
U_P	[V]	Spitzenwert Impulsspannung
U_S	[V]	Effektivwert Schweißspannung
v_D	[m/min]	Drahtvorschub
X_L	[Ω]	induktiver Widerstand
μ_0	[Vs/Am]	elektrische Feldkonstante
μ_r	Keine Einheit	Permeabilitätszahl Spulenkern
ω	[Hz]	Kreisfrequenz

1 Einleitung

1.1 Firmenportrait:

1.1.1 Historische Entwicklung:

Die Geschichte der BMW Group begann vor über 90 Jahren mit dem Bau der "Bayerische Flugzeugwerke AG" (BFW) 1916 in München. Erstmalige Verwendung findet der Name „Bayrische Motorenwerke GmbH" bei der Umfirmierung im Jahre 1917, die 1918 schließlich in eine Aktiengesellschaft umgewandelt wurde. Das Unternehmen konzentrierte sich zunächst auf die Entwicklung und Produktion von Flugmotoren. Im Jahre 1923 wurde die Produktpalette mit Motorrädern erweitert. Seine Erfolgsgeschichte als Automobilhersteller begründete BMW im Jahr 1928 mit dem Erwerb der Fahrzeugfabrik Eisenach [1].

1.1.2 Das Unternehmen:

Heute sind die Fertigungsstätten der BMW Group auf vier Kontinente verteilt. Als internationales Unternehmen verfügt die BMW Group derzeit über 23 Produktions- und Montagestandorte in 14 Ländern: Zum Produktionsnetzwerk zählen fünf Standorte für BMW Automobile in Deutschland, den USA, China und Südafrika sowie ein Standort für BMW Motorräder in Deutschland. Darüber hinaus verfügt die BMW Group in Großbritannien über einen Standort für MINI Fahrzeuge in Oxford, sowie einen neuen Firmensitz samt Produktionsstätte für Rolls-Royce Automobile in Goodwood. Hinzu kommen vier Fertigungsstandorte für Komponenten, sowie drei Motorenwerke in Deutschland, Österreich und Großbritannien. Ein viertes Motorenwerk, TRITEC Motors Ltd., wird als Gemeinschaftsunternehmen mit DaimlerChrysler in Brasilien betrieben. Darüber hinaus errichtete die BMW Group ein neues BMW Werk in Leipzig/Halle, das 2005 die Produktion aufnahm. Auf der Montageseite verfügt das Unternehmen über acht CKD-Werke für BMW Automobile in Mexiko, Thailand, Ägypten, Indonesien, Malaysia, Philippinen, Russland und Vietnam. Diese werden überwiegend in Kooperation mit externen Partnern betrieben. Die BMW Group gehört mit rund 42,3 Mrd. EUR Umsatz und mit einem jährlichen Absatz von über einer Million Automobilen (144.000 der Marke MINI) bzw. über 100.000 BMW Motorrädern sowie mit über 100.000 Mitarbeitern zu den zehn größten Automobilherstellern weltweit [1].

1.1.3 Marken:

Die BMW Group umfasst die Marken BMW, MINI und Rolls-Royce. Damit ist die BMW Group das einzige Automobilunternehmen weltweit, welches mit all seinen Marken ausschließlich im Premium-Bereich des Automobilmarktes tätig ist, vom Kleinwagen- bis zum absoluten Top-Segment. Die Fahrzeuge der BMW Group bieten höchste Produktsubstanz hinsichtlich Ästhetik, Dynamik, Technik und Qualität und unterstreichen die Technologie- und Innovationsführerschaft des Unternehmens [1].

1.1.4 Innovationen:

Mit der Entwicklung des ersten V8-Aluminiummotors und der serienmäßig Montage von Turboladern, hat sich die BMW Group eine Vorreiterrolle erkämpft. Auch in der Entwicklung alternativer Antriebe nimmt die BMW Group eine Führungsrolle ein. Das Unternehmen hat mit der weltweit ersten Flotte von Fahrzeugen mit wasserstoffbetriebenem Verbrennungsmotor, bestehend aus 15 BMW 750hL, im weltweiten Einsatz die Machbarkeit dieses Konzeptes bewiesen. Im Rahmen ihres CleanEnergy Projektes tritt die BMW Group für das Konzept der Wasserstoffgesellschaft und die Schaffung der dafür notwendigen Rahmenbedingungen ein. Eine aktuelle Innovation ist die derzeitig bei Neuwagen verbaute aktive Allradkinematik [1].

1.2 Standort Dingolfing:

1.2.1 Allgemein:

Das BMW Werk Dingolfing ist der größte Produktionsstandort der BMW Group. An diesem Standort befinden sich fünf Werke. Im Werk 2.1, welches aus dem ursprünglichen Glas-Automobilwerk hervorging, ist die weltweite Fahrwerksproduktion des Unternehmens angesiedelt. Im Werk 2.2 befindet sich die dem Vertrieb zugeordnete zentrale Teileauslieferung der gesamten BMW Group. Das Werk 2.4 ist mit einer ungefähren Fläche von 1,9 Mio. m^2 das Größte innerhalb der BMW Group. Rund 20.000 Beschäftigte fertigen hier bis zu 1.500 Fahrzeuge pro Tag – jährlich etwa 280.000 Automobile der 3er, 5er, 6er und 7er Baureihe. Die Werke 2.5 und 2.8 versenden und lagern Ersatzteile. Oberste Gebote im Werk Dingolfing sind Flexibilität und Kundenorientierung. In der Regel werden unterschiedliche Baureihen über ein Montageband laufen gelassen [1].

Abbildung-001: Werk 2.1, Dingolfing [1]

1.2.2 Fertigungsbereiche:

Die Produktion lässt sich grob in vier Fertigungsbereiche aufteilen. Im Presswerk befinden sich 65 Einzelpressen, sowie neun weitere Stufenpressen, darunter die weltgrößte Presse im Automobilbau. Dort entstehen täglich aus über 1.200 Tonnen Stahl- und Aluminiumblech über 30.000 Pressteile, wie Dächer, Türen, Klappen, Seitenrahmen usw. Im Rohbau kommen je nach Werkstoff verschiedene Fügetechniken wie Laserschweißen, Kleben und Nieten zum Einsatz. Mit einem Automatisierungsgrad der Schweißpunkte von fast 100 Prozent ist der Rohbau der am höchsten automatisierte Bereich bei BMW. Vom Rohbauspeicher gelangen die Karosserien in die Lackiererei. Die erstmals in Dingolfing in Serie eingesetzte Pulverklarlacktechnik stellt einen wesentlichen Fortschritt in der Automobilproduktion dar und schont die Umwelt. Die Prozesse in der Lackiererei im Werk Dingolfing sind so flexibel, dass auf einer Fertigungslinie Karosserien verschiedener Modellreihen und Typen aus unterschiedlichen Werkstoffen, wie Stahl oder Aluminium beschichtet werden können. Die Montage ist der letzte Prozessabschnitt der Kernfertigung. Hier werden die lackierten Karossen, mit der vom Kunden gewünschten Ausstattung, zum fertigen Fahrzeug komplettiert. Der eigentliche Höhepunkt der Montage ist die so genannte Hochzeit, wo Motor, Fahrwerk und Karosserie zusammenkommen [1].

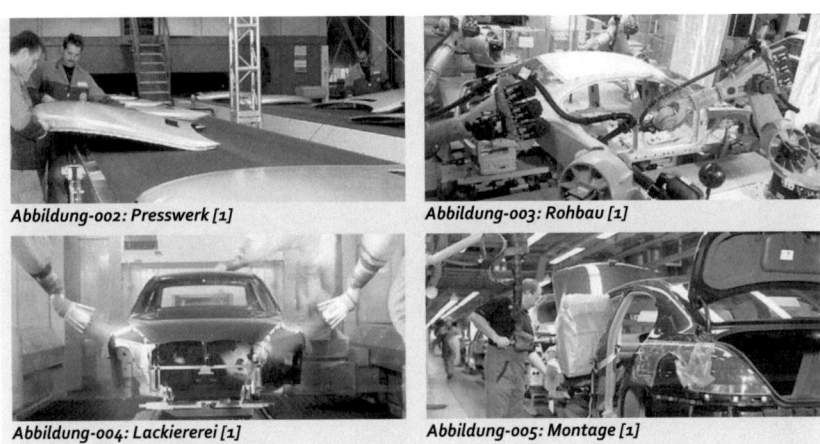

Abbildung-002: Presswerk [1] *Abbildung-003: Rohbau [1]*

Abbildung-004: Lackiererei [1] *Abbildung-005: Montage [1]*

1.2.3 Abteilung TA-3:

1992 wurde im Zuge einer Umstrukturierung des Unternehmens die Sparte Motor und Fahrwerk gegründet. Sie wurde mittlerweile umbenannt in Technologie Antriebs- und Fahrwerkssysteme (TA). Diese Organisation produziert Motoren, Fahrwerksteile, Achsgetriebe und weitere mechanische Komponenten für die BMW Group und für ausgewählte Drittkunden, wobei diese vor allem in Dingolfing, Landshut, München und Steyr ansässig sind. Diese Organisation unterteilt sich wieder in verschiedene Funktionsbereiche. Die Abteilung TA-3 beschäftigt sich mit Fahrwerks- und Antriebskomponenten für Vorder- und Hinterachsen mit ihren jeweiligen Getrieben, und dazugehörigen Gelenkwellen. Um diese möglichst kostengünstig und qualitativ hochwertig zu fertigen, werden immer wieder neue Fertigungsmethoden erprobt und in der Praxis umgesetzt, z.B. neue Fertigungsmethoden wie das Innen-Hochdruck-Umformen (IHU) oder auch das Elektromagnetische Umformen (EMU) [1].

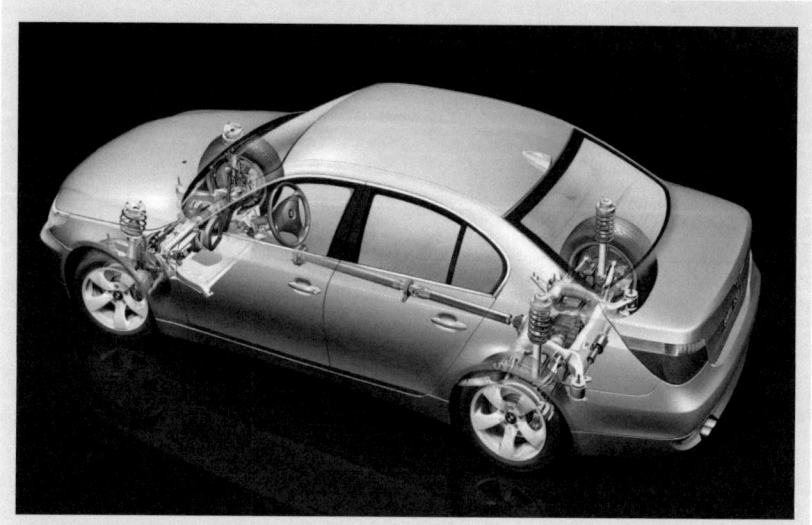

Abbildung-006: Fahrwerks- und Antriebskomponenten [1]

2 Stand der Technik

2.1 Werkstoff - Aluminium:

2.1.1 Grundlagen:

2.1.1.1 Allgemein

Das Element Aluminium ist Bestandteil von Mineralien und Gesteinen in der Erdkruste und kommt nur als chemische Verbindung und nicht als Reinelement in der Natur vor. Das wichtigste aluminiumhaltige Gestein ist Bauxit. In Zusammenhang mit Sauerstoff entsteht Aluminiumoxid, welches auch unter der Bezeichnung Tonerde bekannt ist. Auch andere Mineralien wie Feldspat und Glimmer besitzen Anteile von Aluminium in Form von komplexen Silikaten in chemischer Verbindung mit anderen Metallen wie Eisen und Magnesium. Aluminium mit einem Massenanteil von ca. 8% ist nach Sauerstoff und Silizium das dritthäufigste Element der Erdkruste [2].

2.1.1.2 Gewinnung

Das Ausgangsmaterial für die Aluminiumerzeugung ist Bauxit mit teilweise über 50% Tonerdeanteilen. Nachdem das Aluminiumerz im Tagebau abgebaut wurde, muss es zunächst aufbereitet werden, ehe es elektrolytisch reduziert und später raffiniert werden kann. Durch die Aufbereitung wird aus dem Bauxit der Tonerdeanteil gewonnen. Das so gewonnene Aluminiumoxid wird dann durch Elektrolyse in Reinaluminium umgewandelt. Dieser Prozess der Aluminiumgewinnung aus Bauxit wird auch als „Das BAYER-Verfahren" bezeichnet (Abbildung-007). Dabei wird in zwei Stufen unterschieden. Die erste Stufe isoliert das Aluminiumoxid vom Bauxit, wobei als Nebenprodukt Rotschlamm entsteht. Rotschlamm, der teilweise aus Eisenoxid besteht, hat keine weitere Bedeutung für die Aluminiumherstellung. In einer zweiten Stufe entsteht dann aus dem Aluminiumoxid Reinaluminium. Die Schmelzflusselektrolyse trennt durch das Anlegen einer Spannung in die Schmelze aus Tonerde und dem Flussmittel Kryolith den Sauerstoff vom Aluminium [2].

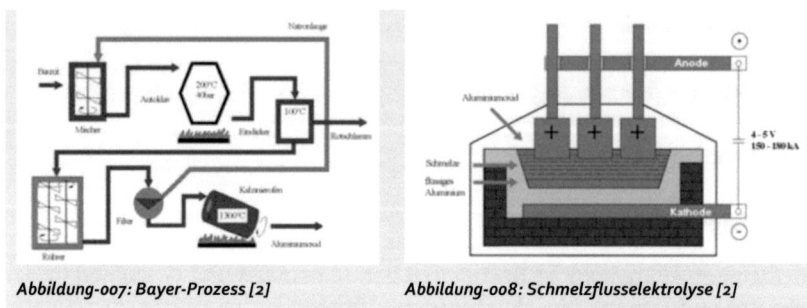

Abbildung-007: Bayer-Prozess [2]　　　Abbildung-008: Schmelzflusselektrolyse [2]

2.1.1.3 Eigenschaften

Das Element Aluminium mit der Ordnungszahl 13 steht in der dritten Hauptgruppe des Periodensystems der Elemente. Unter Lichteinstrahlung schimmert das Metall leicht silbrig. Durch seine relativ geringe Dichte zählt Aluminium zu den Leichtmetallen. Das Element Aluminium ist aus einzelnen Elementarzellen aufgebaut, die zusammen ein Raumgitter aufspannen. Dabei wiederholen sich die Anordnungen und Abstände der Atome periodisch im Raum über Fernordnung. Der Werkstoff Aluminium ist gut verformbar und ein guter thermischer und elektrischer Leiter. Bei tiefen Temperaturen reagiert das Gitter zäh und duktil. Bei Raumtemperatur liegt Aluminium kubisch-flächenzentriert vor, weswegen auch Aluminium, gegenüber Eisen oder Stahl, keinerlei magnetische Wirkung zeigt (Tabelle-01). Bei Temperatureinflüssen wird das Gefüge nicht umgewandelt. Somit können spröde, tetragonale Verzerrungen wie martensitisches Gefüge nicht auftreten. Aber auch Festigkeitssteigerungen sind somit durch Abschreckung ausgeschlossen. Deswegen werden Aluminiumwerkstoffen vorzugsweise Legierungselemente zur Festigkeitssteigerung zugemengt. Dies ist auch bei Bearbeitung unter Wärmezufuhr nötig, da sich das Gitter von Aluminium in der Wärmeeinflusszone zusätzlich entfestigt. Es ist davon abzuraten, Einflusszonen der Wärme bei Aluminiumwerkstoffen mehrmals thermisch zu beanspruchen.

2.1.1.4 Oxidschicht

Aluminium besitzt, wie alle anderen Metalle, eine chemische Affinität zu Sauerstoff. Hingegen bildet sich aber bei Sauerstoffkontakt an der Metalloberfläche von Aluminium, eine sehr harte und korrosionsbeständige Schutzschicht. Diese so genannten Oxidschichten können unter normalen Bedingungen bis ca. 0,01µm Stärke erreichen. Bei gezielter elektrischer Oxidation werden Oxidschichtstärken von 10 bis 20µm erreicht, zum Schutz gegen Korrosion, mechanischen Abrieb oder zur elektrischen Isolation. Dazu zählen die Verfahren

Eloxieren bzw. Anodisieren oder das Hartanodisieren. Solche gewonnen Schichtstärken lassen sich ebenfalls für dekorative Zwecke gut einfärben. Oxidschichten haben eine sehr hohe Schmelztemperatur und können daher die Bearbeitung von Aluminium beinträchtigen. Weiterhin wird die elektrische Leitfähigkeit durch Oxidschichten aufgehoben. Aufgrund dieser einzelnen Nachteile, müssen Oxidschichten manchmal auch wieder entfernt werden. Beim MIG-Schweißen beispielsweise erfolgt die Entfernung mit Hilfe der kathodischen Lichtbogenreinigung, welche die Oxidschicht unmittelbar während des Schweißprozesses zerschlägt. Dazu aber Näheres im Abschnitt 2.3.3.

Eigenschaften	AL	FE	Einheit
Atommasse	26,98	55,85	[g/mol]
Dichte	2,7	7,86	[g/cm^3]
Schmelztemperatur Metall	660	1540	[°C]
Schmelztemperatur Oxide	2050	1450	[°C]
E-Modul	70000	210000	[N/mm^2]
Dehngrenze	10	100	[N/mm^2]
Zugfestigkeit	50	200	[N/mm^2]
Spezifische Wärme	890	460	[J/kgK]
Wärmeleitfähigkeit	235	75	[W/mK]
elektrische Leitfähigkeit	38	10	[m/Ωmm^2]
Gittertyp	kfz	krz	
Gefügeumwandlung	Nein	Ja	
Korrosionsbeständigkeit	Ja	Nein	
Magnetismus	Paramagnetisch	Ferromagnetisch	

Tabelle-01: Eigenschaften - Aluminium und Eisen

2.1.2 Legierungen:

2.1.2.1 Allgemein

Aufgrund der relativ geringen Festigkeit gegenüber Stahl, findet reines Aluminium heutzutage kaum noch Anwendung in der Industrie. Da man aber auf die Vorteile von Aluminium nicht verzichten kann, werden zur Festigkeitssteigerung Legierungselemente beigemengt. Die wichtigsten Legierungselemente sind Kupfer (Cu), Silizium (Si), Magnesium (Mg) und Zink (Zn). Alle Legierungsgruppen sind in der Normung DIN EN 573 zusammengefasst. Bei Aluminiumlegierungen unterscheidet man je nach Festigkeitssteigerung in aushärtbare und nichtaushärtbare Legierungen. Eine weitere Einteilung nach der Verarbeitung von Aluminiumlegierungen unterscheidet in Guss- und Knetlegierungen [3].

2.1.2.2 Nichtaushärtbare Legierungen

Nichtaushärtbare oder auch naturharte Legierungen werden nur kaltverfestigt durch Kaltwalzen und Kaltziehen. Bei Wärmeeinfluss können diese Legierungen ihre Festigkeit wieder verlieren, aufgrund von Kristallerholung und Rekristallisation. Zu den nichtaushärtbaren Legierungen zählen Aluminium-Mischkristalle mit geringen Mangan oder Magnesiumgehalt [3].

2.1.2.3 Aushärtbare Legierungen

Aushärtbare Legierungen können, im Gegensatz zu nichtaushärtbaren Legierungen zusätzlich warmverfestigt werden. Durch geeignete Wärmebehandlung, wie z.B. dem Aushärten, können erhebliche Festigkeitssteigerungen erlangt werden. Dabei muss jedoch der Aluminium-Mischkristall die geforderte Löslichkeit für das jeweilige Legierungselement erfüllen. Ein Mischkristall ist ein Kristall mit Fremdatomen. Dabei kommt es aber zu keiner chemischen Verbindung, sondern lediglich zu einer atomaren Mischung der einzelnen Atome. Diese werden aber in diesem Fall nicht zwischengelagert sondern mit Atomen des Grundwerkstoffes ausgetauscht. Die Löslichkeit von Aluminium ist temperaturabhängig. Folglich sollte die Löslichkeit der Legierungselemente ebenfalls mit steigender Temperatur zunehmen. Der so entstandene übersättigte und homogene Mischkristall erreicht die höchste Festigkeit, wenn es zu keiner Entmischung mit eigener Phasenbildung kommt. Die dafür nötigen Arbeitsschritte werden unterteilt in Lösungsglühen, Abschrecken und Auslagern. Bei den aushärtbaren Legierungen finden besonders die AlMgSi- oder die AlZnMg-Legierungen Verwendung [3].

2.1.2.4 Knetlegierungen

Bei Knetlegierungen sind die Gehalte der Legierungselemente insgesamt geringer als bei Gusslegierungen. Die Eigenschaften von Knetlegierungen werden durch den Grad der Verformung und der chemischen Zusammensetzung der einzelnen Legierungen bestimmt. Verarbeitet werden sie unterhalb der Schmelztemperatur durch Walzen, Schmieden oder Strangpressen. Typische Legierungselemente sind Magnesium, Mangan und Kupfer, mit denen durch Mischkristallverfestigung eine höhere Festigkeit erreicht werden kann. Die Knetlegierungen sind in DIN EN 573 genormt. Es wird in acht Legierungsreihen nach den Hauptlegierungselementen eingeteilt [3].

2.1.2.5 Gusslegierungen

Die Eigenschaften werden durch das Gießverfahren (Sand-, Kokillen- und Druckguss) und die chemische Zusammensetzung der Legierungen bestimmt. Die Verarbeitung findet oberhalb der Schmelztemperatur, im flüssigen Zustand statt. Eine Festigkeitssteigerung kann ebenfalls durch Mischkristallverfestigung oder zusätzlich durch Korngrenzenverfestigung über die Ausbildung eines feinkörnigen Gefüges erzielt werden. Bei der Gießart Kokillenguss wird das Material schneller als beim Sandguss abgekühlt, es entsteht Feinkorn mit erhöhter Festigkeit und Bruchdehnung. Eine weitere Erhöhung der Streckgrenze können aber auch nachträglich durch gezielte Wärmebehandlung (Aushärtung) erreicht werden. Die Gusslegierungen sind in DIN EN 1706 nach Werkstoffnummern genormt [3].

2.1.3 Schweißeignung:

2.1.3.1 Allgemein

Aufgrund von einigen physikalischen Eigenschaften, erweißt sich das Schweißen von Aluminiumwerkstoffen im Gegensatz zum Stahl schwieriger. Abhängig vom Erstarrungsbereich ist die Schweißeignung der aushärtbaren Legierungen deutlich schlechter, als die der nichtaushärtbaren, da sie, abhängig von ihren Legierungselementen, zu ausgeprägter Heißrissbildung neigen. Al-Legierungen mit kleinem Erstarrungsbereich (AlMg3, AlMgMn, AlMn) zeigen eine bessere Schweißeignung als Al-Legierungen mit größerem Erstarrungsbereich (AlMg7, AlCuMg). Die Schweißeignung von Aluminium wird aber auch von Werkstoffoberfläche, Porenbildung, Kerbempfindlichkeit, Rissneigung, Entfestigung und der Neigung zu Korrosion wesentlich bestimmt [4].

2.1.3.2 Oberfläche

Wie schon erwähnt, stellt die Oxidschicht beim Schweißen von Aluminium in bestimmten Fällen ein Problem dar. Grundsätzlich sollte die Oxidschichtbildung durch geeignete Lagerung und Schweißnahtvorbereitung vor einer technologischen Verarbeitung unterdrückt werden. Aluminiumoberflächen ohne Oxidschicht sind aber schwer zu realisieren, da Aluminium relativ rasch an der Oberfläche bei Sauerstoffkontakt oxidiert. Deswegen ist eine dünne Oxidschicht mit konstanter Stärke Voraussetzung für eine optimale Schweißqualität. Weiterhin ist es erforderlich die Aluminiumoberfläche von Fetten und sonstigen Verschmutzungen zu reinigen. Dies kann mechanisch, durch Schleifen, Bürsten, Polieren und Strahlen realisiert werden. Chemische Verfahren zur

Metalloberflächenreinigung sind das Entfetten, Spülen, Passivieren, Beizen und Ätzen [4].

2.1.3.3 Wasserstofflöslichkeit

Aluminium besitzt eine hohe Wasserstofflöslichkeit, die sich bei der Erstarrung sprunghaft verringert. Alle chemischen Verbindungen mit Wasserstoff im Lichtbogenbereich können deshalb Poren und Gaseinschlüsse verursachen. Diese Poren entstehen bei zu großer Abkühlgeschwindigkeit, wobei der Wasserstoff die Schmelze nicht mehr verlassen kann. Zur Reduzierung der Porosität einer Schweißnaht, muss das Wasserstoffangebot für das Schweißbad durch hohe Sauberkeit der Einzelteile minimiert werden. Aufgrund der hohen Sauerstoffaffinität reduziert Aluminium im Lichtbogenraum die verfügbare Luftfeuchte und der Wasserstoff wird in der Schmelze des Schweißbades gelöst [$2Al + 3H_2O \leftrightarrow Al_2O_3 + 3H_2$]. Die Luftfeuchtigkeit ist bei Aluminiumschweißungen nahezu immer der Grund für die Porenbildung. Neben den Gaseinschlüssen führt die große Sauerstoffaffinität zur Bildung einer Oxidschicht [4].

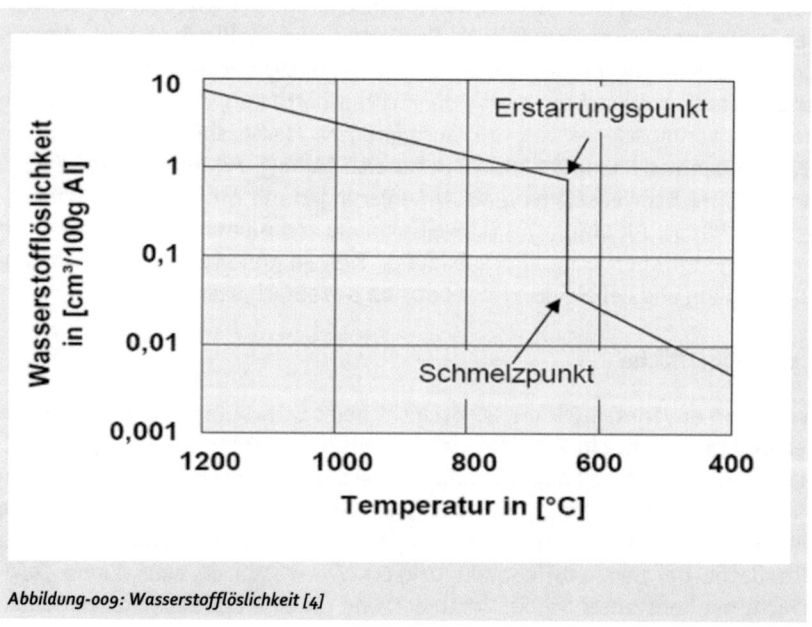

Abbildung-009: Wasserstofflöslichkeit [4]

2.1.3.4 Porenbildung

Generell wird die Porenbildung, aufgrund von geringer Wärmeeinbringung und rascher Abkühlung und dem Vorhandensein von Wasserstoff begünstigt. Prozessseitig sollte dabei beachtet werden, dass kleine Lichtbogenleistungen, Kurzschlüsse oder Verwirbelungen bei Schutzgasströmungen einen großen Teil zur Porenbildung beitragen. Materialseitig stellen große Bauteile mit unterschiedlichen Blechstärken ein Problem dar. Oft begünstigen auch schon vorhandene Hohlräume und Feuchtigkeit im Grundwerkstoff die Porenbildung [4].

2.1.3.5 Kerbempfindlichkeit

Aluminium hat eine höhere Kerbempfindlichkeit als Stahlwerkstoffe. Dies ist zurückzuführen auf physikalische Festigkeitsunterschiede zwischen beiden Gittertypen. Daher ist eine sachgemäße Handhabung bei Transport und Fixierung der Aluminiumbauteile unbedingt erforderlich [4].

2.1.3.6 Entfestigung

Aluminium und seine Legierungen haben die Eigenschaft nach Beendigung der Wärmeeinbringung in die Wärmeeinflusszone (WEZ) an Festigkeit zu verlieren. Grund dafür ist die Aufhebung der Kaltverfestigung bei nichtaushärtbaren Werkstoffen und die Rückbildung des Aushärtungszustandes bei aushärtbaren Werkstoffen. Das Volumen der Wärmeeinflusszone wird bestimmt durch die jeweilige Wärmeleitfähigkeit des Materials, der Schweißgeschwindigkeit, der Lichtbogenlänge und vor allem dem Schweißverfahren. In der Praxis hat sich deswegen das MIG-Schweißen zum Fügen von Aluminiumwerkstoffen behauptet. Um die Entfestigung in der WEZ so gering wie möglich zu halten, sollte darauf geachtet werden, die Anzahl von Nach- bzw. Reparaturschweißungen zu begrenzen, um eine Versprödungen des Materials zu vermeiden [4].

2.1.3.7 Rissneigung

Die häufigste Ursache von Rissbildungen sind Schrumpfungen im Grundmaterial nach dem Schweißvorgang. Besonders bei Aluminiumwerkstoffen sind Heißrisse recht oft vertreten. Während des Erstarrungsprozesses erstarren niedrigschmelzende Substanzen später als der übrige Grundwerkstoff. Somit kommt es vor, dass bereits erstarrte Korngrenzen von den noch nicht erstarrten Substanzen aufgerissen werden. Dabei entstehen Heißrisse an den Korngrenzen. Werkstoffe mit keiner genau definierten Schmelztemperatur, sondern lediglich mit einem Schmelzbereich, wie z.B. Kupfer, Blei und Zink, fördern die Heißrissneigung bei Aluminiumlegierungen. Durch geeignete Grund- und Zusatzwerkstoffauswahl, können Heißrisse aber entscheidend reduziert werden. Prozessseitig kann durch die Schweißparameterauswahl über die Einstellstrategie ein kürzerer Lichtbogen und somit eine geringere Wärmeeinbringung realisiert werden. Weitere Kriterien sind Abkühlgeschwindigkeit, eingebrachte Streckenenergie und die Steifigkeit der geschweißten Konstruktion [4].

2.1.3.8 Korrosion

Aluminium ist aufgrund seiner sich rasch an der Oberfläche bildenden Oxidschicht bei Sauerstoffkontakt ein sehr korrosionsbeständiges Leichtmetall. Flächenkorrosion und Lochkorrosion sind im Fahrzeugbau ohne praktische Bedeutung. Hingegen kann Kontaktkorrosion beim Fügen von Stahl und Aluminium ein Problem darstellen. Bei Anwesenheit eines leitfähigen Mediums, wie z.B. Wasser kann ein Stromfluss das unedlere Metall, in diesem Fall Aluminium, zerstören. Kontaktkorrosion kann aber durch geeignete Isolierung, Verzinkung, Lackierung oder Beschichtung vermieden werden. Ein weiteres Problem stellt die Spannungsrisskorrosion dar, welche bei mechanischen Spannungen unter Anwesenheit von Feuchtigkeit auftritt. Aushärtbare Legierungen sind dabei besonders anfällig. Anschließendes Spannungsarmglühen nach dem Schweißvorgang, kann zur Reduzierung der Korrosion beitragen. Bei AlMg-Legierungen mit hohem Mg-Anteil an den Korngrenzen sollte noch die Interkristalline Korrosion im Korngrenzenbereich beachtet werden [4].

2.2 Grundlagen - Schweißen:

2.2.1 Allgemein:

Schweißverfahren werden zum unlösbaren Verbinden von Bauteilen unter Anwendung von Wärme und Druck, mit oder ohne Schweißzusatzwerkstoffe, angewandt. Wesentliche Eigenschaften von Schweißverbindungen sind die konzentrierte Wärmezufuhr und die hohe Energiedichte. Die dazu notwendige Energie wird von außen zugeführt. Diese Form des stoffschlüssigen Fügens von Werkstoffen ist günstiger als formschlüssige Schraubverbindungen. Meist werden metallische Materialien zusammengefügt, aber auch Glas und Kunststoffe lassen sich mit bestimmten Schweißverfahren verbinden. Die Verbindung erfolgt, je nach Schweißverfahren in einer Schweißnaht oder einem Schweißpunkt. Weiterhin kann man unterscheiden in Verbindungs- oder Auftragsschweißen. Das Auftragsschweißen zählt dabei zum Beschichten von Werkstücken durch Schweißen. Je nach Grund- und Auftragswerkstoff, wird in

Auftragsschweißen von Panzerungen, Plattierungen und Pufferschichten differenziert [5].

2.2.2 Einteilung:

Fertigungsverfahren			
Zusammenhalt schaffen	Zusammenhalt beibehalten	Zusammenhalt vermindern	Zusammenhalt vermehren
1. Urformen	Formänderung		5. Beschichten
	2. Umformen	3. Trennen	4. Fügen	
	6. Stoffeigenschaftsänderung		
	Umlagern von Stoffteilchen	Aussondern von Stoffteilchen	Einbringung von Stoffteilchen

Abbildung-010: Fertigungsverfahren nach DIN 8580

4. Fügen								
4.1	4.2	4.3	4.4	4.5	4.6	4.7	4.8	4.9
Zusammensetzen	Füllen	Anpressen Einpressen	Fügen durch Urformen	Fügen durch Umformen	Fügen durch Schweißen	Fügen durch Löten	Kleben	Textiles Fügen

Abbildung-011: Fügeverfahren nach DIN 8593

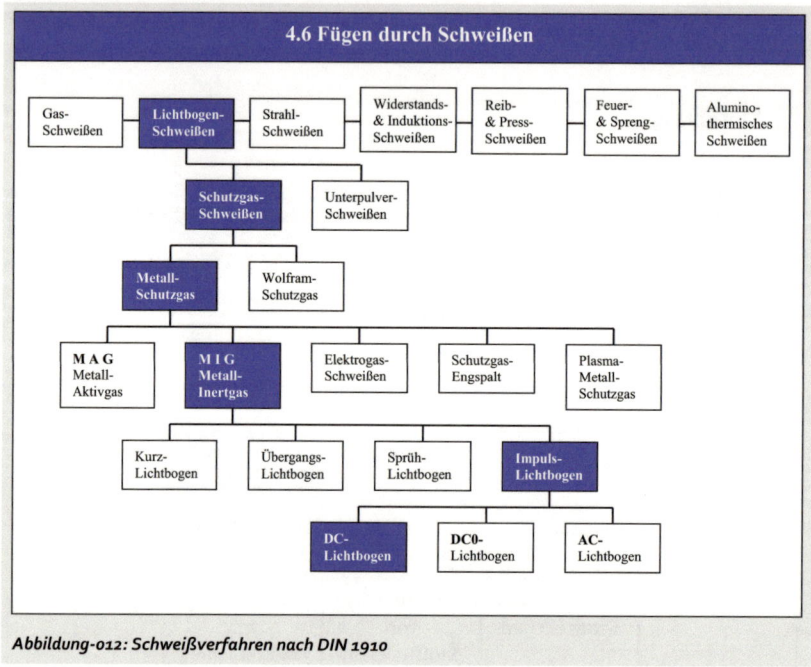

Abbildung-012: Schweißverfahren nach DIN 1910

2.2.3 Schweißbarkeit:

Die Erläuterung der Schweißbarkeit eines Bauteils nach DIN 8528 umfasst die Konstruktion, den Werkstoff und das Schweißverfahren. Die Schweißsicherheit ist der Beitrag der Konstruktion zur gesamten Schweißbarkeit und beinhaltet die konstruktive Gestaltung und den Beanspruchungszustand. Die Schweißeignung ist die werkstoffseitige Schweißsicherheit und umfasst alle chemischen, metallurgischen und physikalischen Eigenschaften des Werkstückes. Abschließend wird fertigungsseitig durch die Wahl des Schweißverfahrens, Ausführung der Schweißarbeiten und mögliche Nachbehandlungen die Schweißmöglichkeit beschrieben. Alle drei Faktoren sind miteinander verknüpft und beeinflussen sich gegenseitig [5].

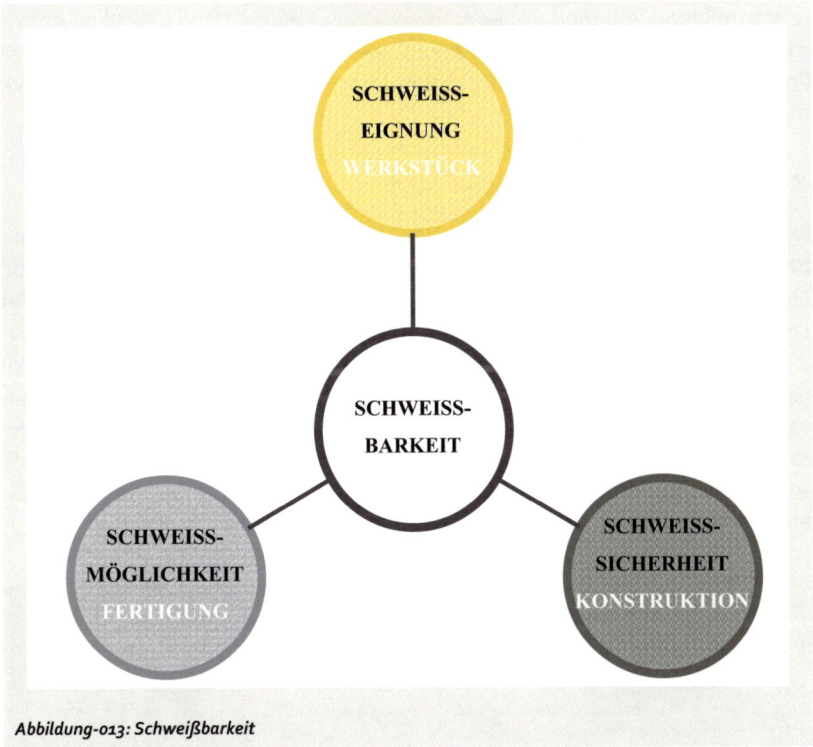

Abbildung-013: Schweißbarkeit

2.2.4 Schweißanordnungen:

2.2.4.1 Schweißpositionen

Schweißpositionen bestimmen mechanisch und technologisch die Eigenschaften einer Schweißnaht, da die Wärmeeinbringung aufgrund von begrenzter Zugänglichkeit unterschiedlich ausfallen kann. Auch gibt es Positionen, die für manche Schweißnähte ungeeignet sind. Daraus ergeben sich Schweißmöglichkeit und die Art und Häufigkeit möglicher Fehler. Somit entscheidet die Schweißposition auch die Schweißbarkeit eines Bauteils und die Ausführung der Schweißarbeiten mit (Tabelle-02) [5].

2.2.4.2 Stöße und Nähte

Beim Schweißen werden Werkstücke stoßseitig zusammengefügt. Je nach Geometrie und Anordnung der Teile unterscheidet man verschiedene Stoßarten (Tabelle-03). Aus diesen wiederum ergeben sich mögliche Schweißnähte.

Zur Vermeidung von Bindefehlern, Schlackeeinschlüssen und Rissen ist es ratsam, den zu schweißenden Stoß vorzubereiten. Schweißnahtvorbereitungen können das Säubern von Verunreinigungen und Nacharbeiten an der Stoßgeometrie beinhalten [5].

2.2.4.3 Brennerstellung

Die Stellung des Brenners und der Kontaktrohrabstand zum Werkstück sind ebenfalls ausschlaggebend für die Qualität der jeweiligen Schweißnaht und richten sich nach der Position der zu schweißenden Naht. Dabei unterscheidet man die Positionen des Brenners einmal quer und einmal längs zur Naht. Letzteres kann man in stechend, neutral und schleppend unterteilen (Abbildung-014). Die Anordnung quer zur Naht steuert immer die Richtung des Einbrandes, was besonders bei Kehlnähten zu beachten wäre. Dagegen bestimmt die Anordnung längs zur Naht beispielsweise die Einbrandtiefe. Falsche Anstellwinkel des Brenners zur Schweißnaht, können zu Symmetrie- und Schweißnahtfehlern führen, wie Einbrand- und Bindefehler [5].

Position	Definition	Stumpfnaht	Kehlnaht
PA	Wannenposition	X	X
PB	Horizontalposition	-	X
PC	Querposition	X	-
PD	Horizontalüberkopf	-	X
PE	Überkopfposition	X	-
PF	Steigposition	X	X
PG	Fallposition	X	X

Tabelle-02: Schweißpositionen und Nähte [ISO 6947]

Schweißnähte	
Stumpfnaht	I-Naht
	V-Naht
	HV-Naht
	DV-Naht
	Y-Naht
	U-Naht
	Steilflankennaht
Kehlnaht	Flachkehlnaht
	Hohlkehlnaht

Schweißstöße
Stumpfstoß
Parallelstoß
Überlappstoß
T-Stoß
Kreuzstoß
Schrägstoß
Eckstoß
Mehrfachstoß
Kreuzungsstoß

Tabelle-03: Beispiele für Nähte und Stöße

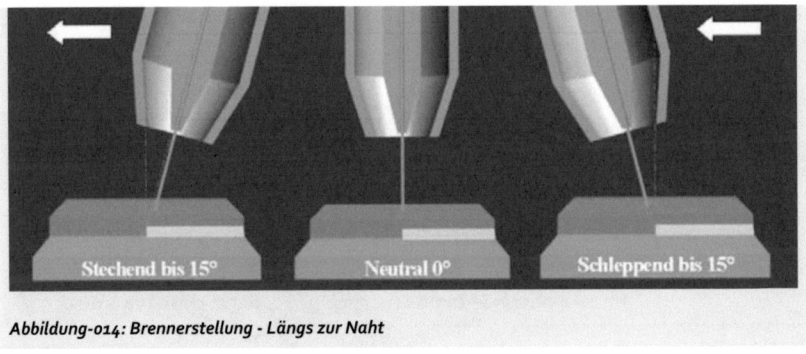

Abbildung-014: Brennerstellung - Längs zur Naht

2.3 MIG-Schweißprozess:

2.3.1 Allgemein:

Der MIG-Schweißprozess gehört zur Kategorie des Schutzgasschweißens. Dabei unterscheidet man im Wesentlichen zwischen Metall- und Wolfram-Schutzgasschweißen. Beim Metall-Schutzgasschweißen (MSG-Schweißen) werden abschmelzende Drahtelektroden als Zusatzwerkstoff verwendet. Beim Wolfram-Schutzgasschweißen (WSG-Schweißen) hingegen, wird mit nichtabschmelzenden Wolframelektroden gearbeitet. Bei den Schutzgasschweißverfahren Metall-Inertgas (MIG), Metall-Aktivgas (MAG), Wolfram-Inertgas (WIG) und Plasmaschweißen, wird die zum Schweißen benötigte Energie über einen elektrischer Lichtbogen, durch Anlegen eines Gleichstromes oder Wechselstromes erzeugt. Während der Lichtbogen zwischen Werkstück und Drahtelektrode brennt, werden diese gleichzeitig erwärmt und aufgeschmolzen. Der Lichtbogen und das Schmelzgut werden dabei durch eine Schutzgasglocke gegenüber der atmosphärischen Luft mit Hilfe von Aktivgas oder Inertgas abgeschirmt. Das Prinzip des Metall-Inertgasschweißens (MIG) besteht darin, dass ein Metalldraht durch den Brenner geführt und in einem Lichtbogen aufgeschmolzen wird. Der Schweißdraht ist gleichzeitig stromführende, positiv geladene Elektrode und das einzubringende Schweißgut. Der elektrische Strom wird über die Schweißstromquelle dem Kontaktrohr im Brenner zugeführt. Ein durch die Gasdüse fließendes Schutzgas schützt den Lichtbogen und das Schmelzgut. Das dabei verwendete Schutzgas ist beim MIG-Schweißen im Gegensatz zum MAG-Schweißen inert. Aus Lichtbogenstabilitäts- und Kostengründen wird vorzugsweise mit Argon geschweißt. Inertgase mit geringen Aktivgaszumischungen, kommen beim MIG-Schweißen auch zum Einsatz, um beispielsweise Wärmezufuhr und Einbrand im Werkstück zu verbessern. Typische Anwendungen des MIG-Schweißens finden sich bei hochlegierten Stählen, NE-Metalle und Aluminium-Legierungen. Bei unlegierten Stählen ist das MAG-Schweißverfahren anzuwenden [5].

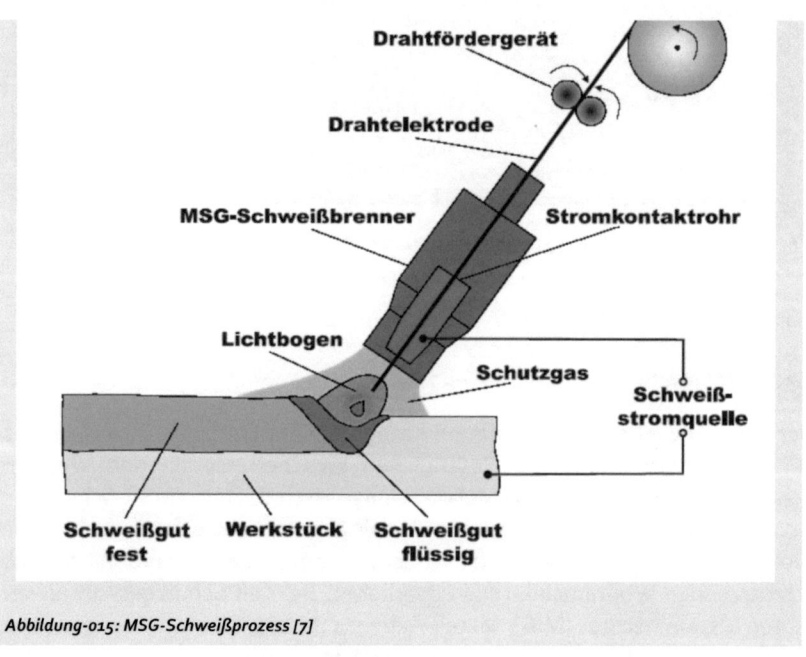

Abbildung-015: MSG-Schweißprozess [7]

2.3.2 Schutzgase:

Im Gegensatz zu Inertgasen sind Aktivgase thermodynamisch instabil und reagieren mit dem Schmelzgut. Die wichtigsten Aktivgase sind Stickstoff, Sauerstoff, Wasserstoff und Kohlendioxid. Die Edelgase Argon und Helium und deren Gemische sind reaktionsträge, thermodynamisch stabile Gase, welche beim MIG- und WIG-Schweißen als inertes Gas zum Einsatz kommen (Vergleich Tabelle-05/06). Ebenfalls geringe Aktivgaszumischungen bei Argon und Helium finden beispielsweise Anwendung beim Schweißen von Aluminium, um die Ionisationsenergie oder den Lichtbogenwiderstand zu senken. Zu beachten ist aber, dass Aktivgaszumischungen den Einbrand verändern und somit Einfluss auf Härte und Zugfestigkeit der zu schweißenden Konstruktion haben. Die wichtigsten physikalischen Eigenschaften der dabei verwendeten Schutzgase, sind die Ionisierungsenergie, die Wärmeleitfähigkeit und das chemische Reaktionsverhalten. Die Ionisierungsenergie ist die Energiemenge, die benötigt wird, um ein Elektron aus einem Atom zu lösen und damit den Lichtbogen elektrisch leitfähig zu machen. Bei geringer Ionisierungsenergie und Energieübertragung, lässt sich der Lichtbogen leicht zünden und brennt stabil. Die benötigte Ionisierungsenergie zum Herauslösen der Elektronen wird am Werkstück durch Rekombination der Elektronen freigesetzt. Diese Energie steht dann für den Schweißprozess zur Verfügung. Ein anderer Mechanismus der Energieübertragung ist die Wärmeleitung, welche wiederum von der Wärmeleitfähigkeit der verwendeten Gase abhängt [6].

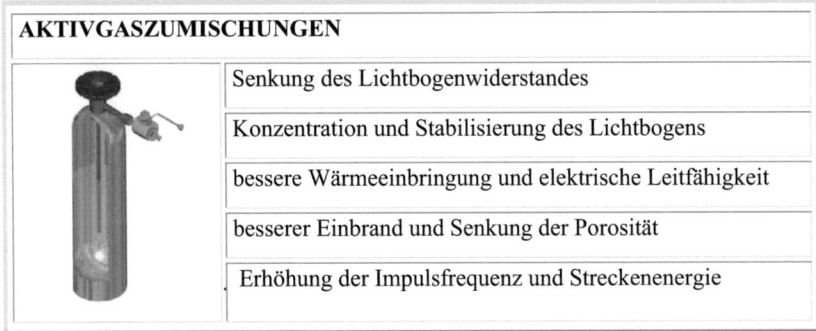

Tabelle-04: Aktivgaszumischungen [6]

INERTGAS - ARGON	
inertes Gas	thermodynamisch stabil, indifferent mit Grundwerkstoff
schwerer als Luft	effizienter Schutz der Schmelze vor Lufteinfluss
	Dichte = 1,784g/l
leicht zu ionisieren	erleichtert das Zünden des Lichtbogens
	Ionisierungsenergie = 15,7eV
Wärmeleitfähigkeit	gering, energiearm
Einbrand	fingerförmiger Flankeneinbrand (dünne Bleche)

Tabelle-05: Eigenschaften - Argon [6]

INERTGAS - HELIUM	
inertes Gas	thermodynamisch stabil, indifferent mit Grundwerkstoff
leichter als Luft	höherer Volumenstrom erforderlich
	Dichte = 0,178g/l
schwer zu ionisieren	steigender Heliumanteil erschwert Lichtbogenzündung
	höhere Schweißspannung als bei Argon erforderlich
	Sauerstoffzugabe zur besseren Ionisierung
	Sauerstoff macht Lichtbogen länger, Helium kürzer
	Ionisierungsenergie = 24,5eV
breiter Lichtbogen	verringert die Gefahr von Flankenbindefehlern
Wärmeleitfähigkeit	hoch, energiereich, verbessert Ausgasung
	besserer Wärmetransfer vom Lichtbogen zum Bauteil
	verbessert Benetzung und Einbrand, flachere Naht
	reduziert Porenbildung, verringert Nacharbeit
	teilweise höhere Schweißgeschwindigkeit möglich
Einbrand	Erhöhung der Spaltüberbrückung
	linsenförmiger Flankeneinbrand (dicke Bleche)
Nachteil	hohe Kosten (10facher Preis von Argon)

Tabelle-06: Eigenschaften - Helium [6]

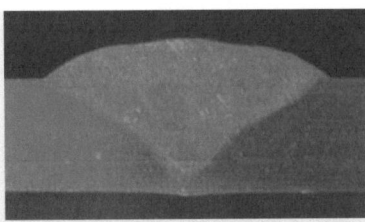

Abbildung-016: Einbrand - Argon [6]

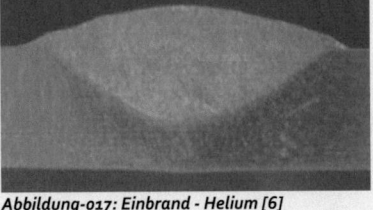

Abbildung-017: Einbrand - Helium [6]

2.3.3 Vorgänge im Lichtbogen:

Der beim MIG-Schweißen typisch offene und frei brennende Lichtbogen entsteht durch Entladungsprozesse zwischen der Drahtelektrode und dem Werkstück (Abbildung-019). Die Wärmeleitung und Konvektionsströmung wird dabei durch ein ionisiertes Schutzgas bestimmt. Die grundlegenden Vorgänge im Lichtbogen lassen sich in Dissoziation, Ionisierung und Rekombination unterteilen. Im nicht ionisierten Zustand sind Gase schlechte elektrische Leiter, da keine freien Ladungsträger vorhanden sind. Erst durch äußere Energiezufuhr kommt es zur Dissoziation der Schutzgasmoleküle und zur Elektronenemission. Der so entstehende Stromfluss basiert auf den austretenden Elektronen an der Kathodenoberfläche, welche dann in Richtung Anode beschleunigt werden. Beschleunigte Elektronen stoßen auf dem Weg zur Anode mit Atomen zusammen und schlagen dabei weitere Elektronen heraus. Dadurch entstehen aus den Atomen Ione. Diesen Vorgang nennt man Stoßionisation. Da die Kathode Anziehungskräfte auf die Ionen ausübt, bewegen sich diese entgegengesetzt zur Elektronenbewegung, wodurch es zu weiteren Zusammenstößen zwischen Ionen und Elektronen kommt. Bei weiterer äußerer Energiezufuhr kommt es durch die starke Anregung der Atome zur Ionisierung und zur Plasmabildung im Gas. Als Plasma werden ionisierte Gase bezeichnet, die einen großen Teil freier Ladungsträger wie Elektronen und Ionen besitzen. Als Nebenprodukt der Ionisation beim Schutzgasschweißen entsteht Ozon. Im Gegensatz zur Ionisierung werden bei Abkühlung die Teilchen vom ionisierten wieder in den atomaren Zustand umgewandelt, man spricht dabei von Rekombination. Die Polung von Anode und Kathode ist ausschlaggebend für die Lichtbogenentstehung. Beispielsweise hat die häufig verwendete plusgepolte Drahtelektrode eine sehr gute Reinigungswirkung und beeinflusst die Nahtqualität positiv. Dagegen kann eine minusgepolte Drahtelektrode die beim Aluminium typische Oxidschicht durch Ionenbeschuss nicht entfernen. Weiterhin ist zu beachten, dass mit steigender Lichtbogenlänge mehr Elektronen herausgelöst werden und das Gas stärker ionisiert wird. Dadurch steigen der Lichtbogenwiderstand und die im Lichtbogen vorhandene Energie [7].

2.3.4 Werkstoffübergang:

Der Werkstoffübergang von der Drahtelektrode zum Werkstück wird wesentlich durch drei verschiedene Kräfte beeinflusst (Gravitationskraft, Oberflächenkräfte, radial wirkende Pinch-Kraft). Je nach Schweißposition ist die Richtung der wirkenden Gravitationskraft auf den Tropfen und der flüssigen Schmelze unterschiedlich. Daraus ergeben sich günstige und ungünstige Werkstoffübergänge. Die Kohäsionskräfte an der Oberfläche des flüssigen Tropfens begünstigen den zwischenmolekularen Zusammenhalt und streben eine minimale Oberfläche an, was bei gleichem Volumen zur Kugelgestalt des Tropfens führt. Die als letzte zu nennende Kraft, ist die bei jedem stromdurchflossenen Leiter entstehende radial wirkende Pinch-Kraft (Abbildung-018). Beim MIG-Schweißen bildet das Argon infolge seiner geringen thermischen Leitfähigkeit einen schmalen, stromführenden Lichtbogenkern aus. Dieser umschließt das Drahtelektrodenende und schmilzt es auf. Die hohen, durch die Elektrode fließenden Schweißströme induzieren eine elektromagnetische Kraft, die den Werkstoffübergang auslöst. Dieser als Pinch-Effekt bezeichnete Vorgang bewirkt die Einschnürung, Ablösung und Beschleunigung des flüssigen Elektrodenwerkstoffs in Richtung Bauteiloberfläche. Ihre Wirkungsrichtung ist immer senkrecht zur Stromflussrichtung. Die Einschnürung des flüssigen Drahtendes, begünstigt die Tropfenablösung. Bei Erhöhung der Schweißströme werden der Erwärmungszustand und die Pinch-Kraft größer. Eine gute Tropfenablösung erfordert immer die Überschreitung der kritischen Stromstärke. Die Pinch-Kraft kann mit der nachstehenden Formel berechnet werden. Dabei ist I der Strom im Leiter und a der flüssige Leiterradius. Die Variable m ist die magnetische Permeabilität die werkstoffabhängig ist [7].

Formel der Pinch-Kraft: $F_P = \dfrac{10 \times 2 \times m \times I^2}{4 \times \pi^2 \times a^2}$

Vereinfachung mit a = konstant: $F = \dfrac{I^2}{2}$

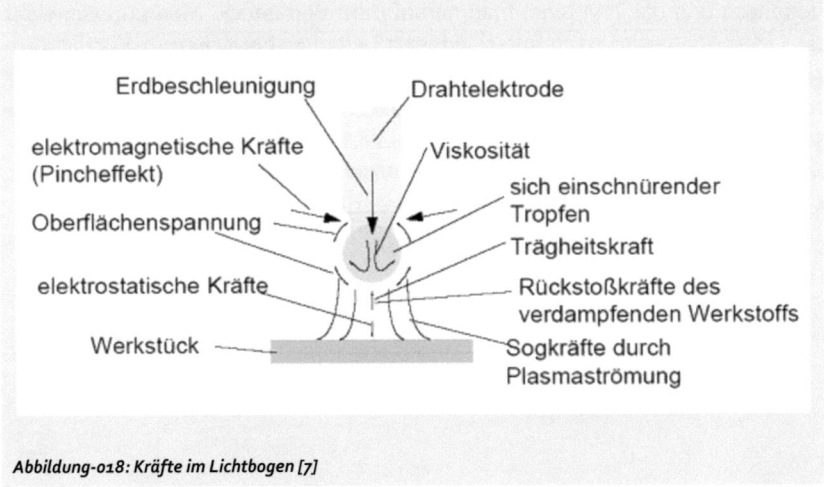

Abbildung-018: Kräfte im Lichtbogen [7]

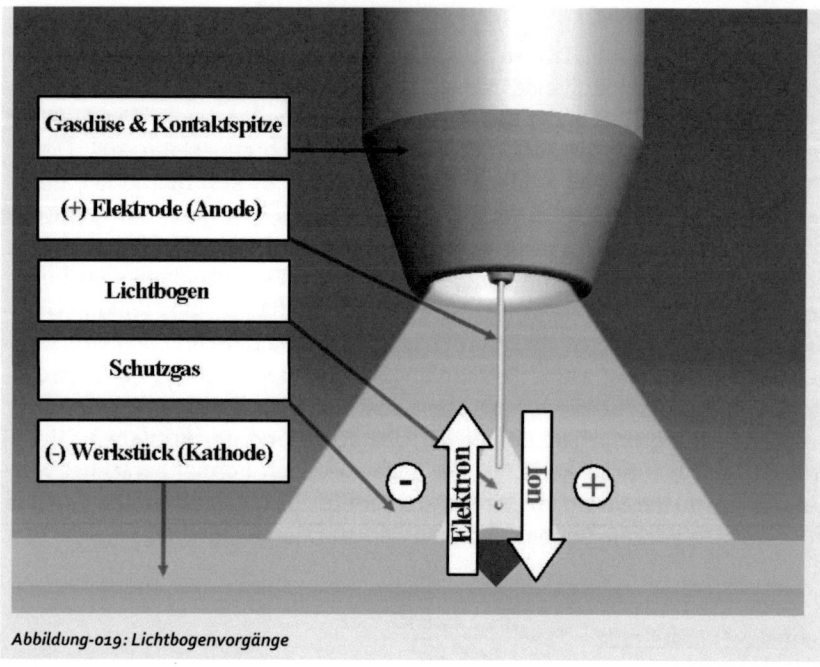

Abbildung-019: Lichtbogenvorgänge

2.3.5 Lichtbogenarten:

Der Lichtbogen beeinflusst wesentlich die Tropfenbildung und -ablösung, die Flugphase und die Tropfenaufnahme auf dem Werkstück. Man unterscheidet die Lichtbogenarten nach verschiedenen Leistungsbereichen in Kurzlichtbogen, Übergangslichtbogen, Sprühlichtbogen, Langlichtbogen und Impulslichtbogen. Weitere Lichtbögen, wie zum Beispiel die Kombination von Lichtbögen, gependelte Lichtbögen, der Alu-Plus-Lichtbogen, Lichtbögen bei ChopArc und coldArc oder dem Lichtbogen welcher beim CMT-Prozess entsteht, werden in dieser Untersuchung nicht näher erläutert [7].

Lichtbogen Merkmale	Kurz-Lichtbogen	Übergangs-Lichtbogen	Sprüh-Lichtbogen	Impuls-Lichtbogen
Leistungs-Bereich	unterer Bereich	mittlerer Bereich	oberer Bereich	alle Bereiche
LB-Länge	kurz	normal	lang	kurz bis lang
Einbrand	gering	normal	hoch	gering bis hoch
Tropfen-Ablösung	Kurzschluss behaftet	teilweise KS behaftet	kurzschlussfrei	kurzschlussfrei kontrolliert
Vorteile	LB ist stabil konzentriert	-	↑ Pinch-Kräfte spritzerarm feintropfig	↑ Pinch-Kräfte spritzerarm feintropfig
Nachteile	Porenbildung	↓ Pinch-Kräfte grobtropfig Spritzer	-	erfordert spezielle Stromquelle
Anwendung	bis 2mm Bleche	bis 4mm Bleche	bis 6mm Bleche	1-6mm Bleche verschiedene Ø-Draht

Tabelle-07: Lichtbogenarten

2.3.6 Impulslichtbogen:

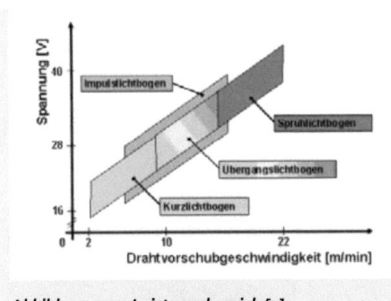

Abbildung-020: Leistungsbereich [7]

2.3.6.1 Allgemein

Beim Impulslichtbogen wird der Schweißstrom in Grundstrom und Impulsstrom unterteilt. Dabei liegt die Grundstromphase im Leistungsbereich des Kurzlichtbogens (Abbildung-020) und dient zur Aufrechterhaltung des Lichtbogens, der Ionisierung der Luft zur Oxidschichtentfernung und der Erwärmung des Drahtendes zur Vorbereitung auf die Tropfenablösung. Die Impulsphase hat den Leistungsbereich des Sprühlichtbogens und sorgt für eine kontrollierte und kurzschlussfreie Tropfenablösung. Im Idealfall sollte pro Impuls ein Tropfen abgelöst werden. Der impulsgesteuerte Werkstoffübergang beim Impulslichtbogen erzeugt ein schwingendes Schmelzbad mit guter Entgasung. Für das Schweißen von Aluminiumwerkstoffen, sind die Impulshöhe und -breite entscheidend, da die Stromfläche die Lichtbogenlänge und die Flächenverteilung die Tropfenablösung beeinflussen. Somit müssen für den idealen Werkstoffübergang die Impulsform und die jeweiligen Ströme in der Grund- und Impulsphase gemeinsam mit der Frequenz über die Prozessparameter synchronisiert werden. Jedoch bleibt davon die Abschmelzleistung relativ unberührt, so dass bei gleichen Prozessparametern unterschiedliche Leistungen gefahren werden können. Für gleich bleibende Nahtqualität sind aber beim MIG-Schweißen mit Impulslichtbogen besondere Stromquellen mit schnellen Regelungen erforderlich. Die meisten Hersteller bieten dazu geeignete Modelle an [7].

2.3.6.2 DC-Impulslichtbogen [Abbildung-021]

Standardmäßig wird beim MIG-Schweißen mit dem DC-Impulslichtbogen gearbeitet. Man unterscheidet dabei in zwei Phasen, der niedrigen Grundstrom- und der höheren Impulsstromphase. Der erhöhte Impulsstrom überschreitet dabei die kritische Stromstärke. Die gesteuerte Tropfenablösung während der Impulsphase sollte aber in dem Bereich liegen, wo der Impulsstrom wieder auf Grundstrom abfällt [7].

2.3.6.3 DCo-Impulslichtbogen [Abbildung-022]

Im Gegensatz zum standardmäßigen Impulslichtbogen, wird beim DCo-Lichtbogen der Grundstrom kurzzeitig abgeschaltet und später wieder gezündet. Dadurch wird eine Reduzierung der Wärmeeinbringung in das Werkstück erzielt [7].

2.3.6.4 AC-Impulslichtbogen [Abbildung-023]

Um die Wärmeeinbringung beim Impulslichtbogenschweißen nochmals zu reduzieren, ist das Impulsschweißen mit Wechselstromcharakteristik entwickelt worden. Die Umpolung der Elektrode sorgt dabei für eine bessere Wärmeverteilung. Der Prozess startet mit positivem Grundstrom. Nach der Impulsphase mit Tropfenablösung wird dann der Grundstrom durch einen negativen Impulsstrom unterbrochen. Der dabei notwendige Nulldurchgang erfordert eine neue Lichtbogenzündung. Die Wiederzündung durch eine Zündhilfe in Form eines Hochspannungsimpulses (5-10kV) kann aber den Plasmadruck erhöhen und ein unruhiges Schmelzbad verursachen. Weiterhin muss man beachten, dass während des Nulldurchganges, wie auch beim DCo-Lichtbogen keine Reinigungswirkung erzielt werden kann. Zusammenfassend ist zu sagen, dass generell der AC-Wechselstrom der Überhitzung des Tropfens und des Schmelzbades entgegenwirkt. Auch wird der beim Schweißen entstehende negative Metalldampf, der dem Impulslichtbogen als Dampfdruck entgegenwirkt reduziert. Dadurch erreicht der AC-Impulslichtbogen eine höhere Fertigungstoleranz und eine bessere Spaltüberbrückung. Als nachteilig könnte dagegen die höhere Parameteranzahl erwähnt werden [7].

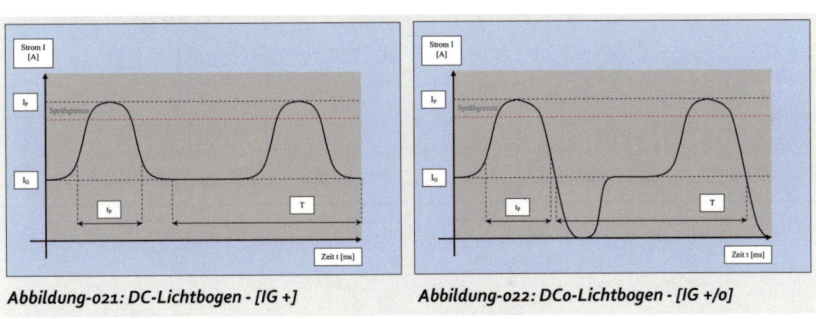

Abbildung-021: DC-Lichtbogen - [IG +]   *Abbildung-022: DCo-Lichtbogen - [IG +/o]*

2.3.7 Stromquelle:

2.3.7.1 Allgemein

Die Stromquelle hat die Aufgabe, elektrische Leistung für den Schweißprozess zur Verfügung zu stellen und den Prozessablauf zu regulieren. Je nach Anwendung wird die aus dem Netz entnommene Spannung umgerichtet. Aus Sicherheitsgründen, sollten nur Stromquellen eingesetzt werden, deren Effektivwert zum Schweißen bei Gleichspannung 113V bzw. bei Wechselstrom 48V nicht überschreiten. Das bedeutet, die Stromquelle muss relativ hohe Ströme für die Lichtbogenerzeugung bei relativ geringen Spannungen bereitstellen. Dafür stehen unterschiedliche Stromquellenbauarten zur Verfügung.

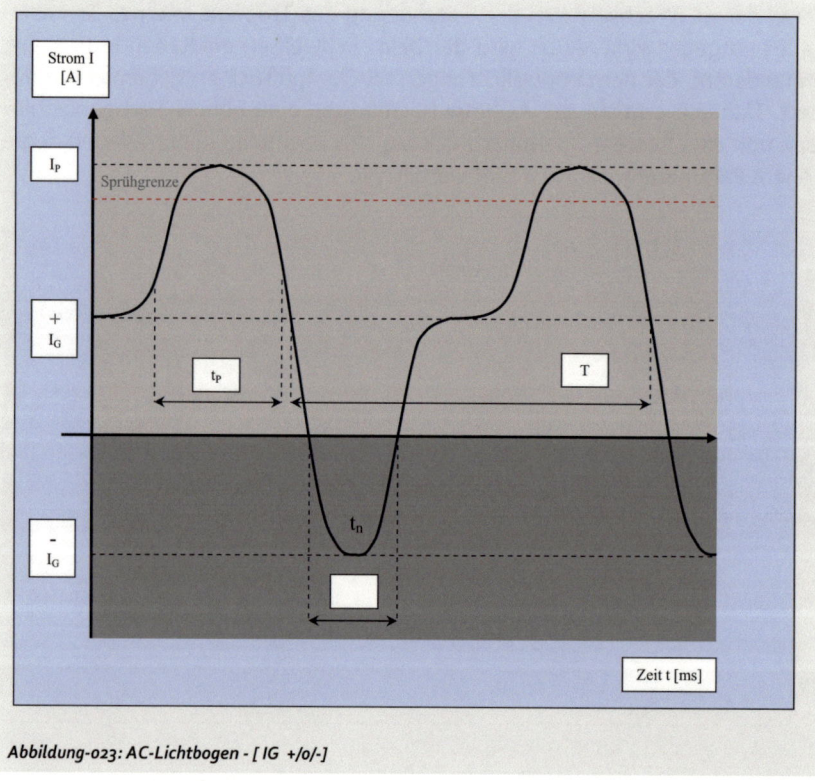

Abbildung-023: AC-Lichtbogen - [IG +/o/-]

Charakteristisch dabei ist der Transformator in Aufbau und Anordnung im Energiepfad zur Anpassung von Spannung und Strom nach dem Transformator-Gesetz. Der zum Schweißen benutzte Strom, wird wesentlich durch die

Klemmspannung und den Lichtbogenwiderstand beeinflusst. Die heute üblichen Transistorstromquellen besitzen elektronische Leistungsstellglieder zur Prozessregulierung. Man unterscheidet zwischen Transistorstromquellen mit veränderlichen Lastwiderstand (analog) und Transistorstromquellen mit Taktung (digital). Letzteres kann man weiter in Primär- und Sekundärtaktung unterteilen [8].

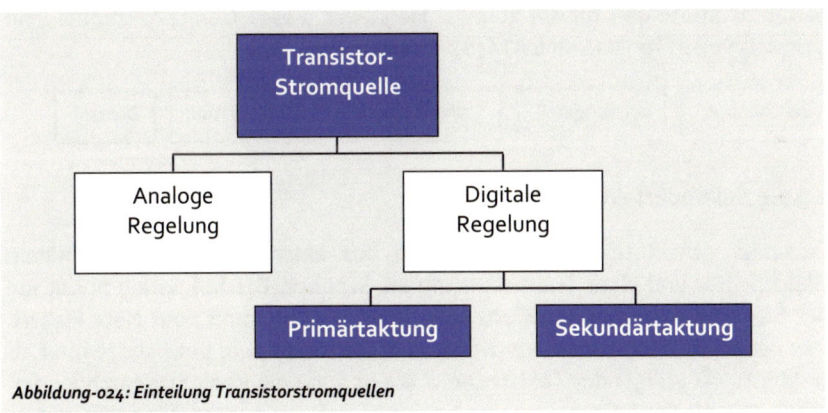

Abbildung-024: Einteilung Transistorstromquellen

2.3.7.2 Analoge Regelung

Bei dieser Bauart wird der Transistor auf der Sekundärseite des Transformators verwendet. Schweißtransformator, Gleichrichter und Leistungsteil (Transistorkaskade) sind dabei in Reihe geschalten. Die Erzeugung von Impulsen mit unterschiedlicher Form, Höhe und Pulsfrequenz lässt sich problemlos einstellen. Nachteilig ist die hohe Verlustleistung der Transistoren, was einen zusätzlichen Aufwand an Kühlung erfordert. Analog gesteuerte Transistorstromquellen werden aufgrund des hohen Preises und der enormen Verlustleistung und dem daraus resultierenden schlechten elektrischen Wirkungsgrad heutzutage kaum noch eingesetzt [8].

2.3.7.3 Primärtaktung

Hierbei schalten die Transistoren hohe Spannungen und niedrige Ströme für die Steuertransistoren. Primär getaktete oder Inverterstromquellen zeichnen sich auch dadurch aus, dass im Energiepfad der Transformator nach dem

Schalttransistor (Leistungsteil) angeordnet ist. Von Vorteil sind dabei das geringere Gewicht und die kleinere Bauweise der Anlagen. Ein weiterer Vorteil ist der sehr hohe Wirkungsgrad von bis zu 90%. Auch ist die Tatsache von Vorteil, dass die Schweißeigenschaft nicht von der Bauart des Transformators abhängig ist, was wiederum eine hohe Flexibilität in Sachen Anpassung an die jeweilige Aufgabe bedeutet. Als Nachteil wäre zu nennen, dass die netzseitige Steuerung (Primärseite Transformator) auch zu netzseitigen Belastungen und damit zu Störungen führen könnte. Hersteller dieses Gerätekonzeptes sind beispielsweise Fronius und EWM [8].

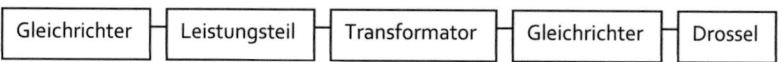

2.3.7.4 Sekundärtaktung

Sekundär getaktete Anlagen bestehen aus einem Transformator, einem Gleichrichter und einer Transistorstufe als Schalter. Die Steuerung findet auf der Sekundärseite des Transformators statt und ist somit vom Netz isoliert. Das periodische Ein- und Ausschalten der Transistorstufe bezeichnet man als „takten". Mit steigender Taktfrequenz steigt auch die Reaktionsgeschwindigkeit, wodurch der Schweißprozess besser beeinflussbar wird. Moderne sekundär getaktete Anlagen lassen sich bis in den für das Schweißen typischen Leistungsbereich von 200kHz hoch takten. Um die Schweißleistung in einem großen Bereich stellen zu können, muss das Verhältnis von Ein- und Ausschaltzeit verändert werden. Diese so genannte Impulsbreitenmodulation kann einmal zur Erzeugung einer hohen Ausgangsleistung bei großem Verhältnis und einmal zur Erzeugung einer kleinen Ausgangsleistung bei kleinem Verhältnis angewandt werden. Der Vorteil solcher Anlagen liegt in der geringen Verlustleistung der Transistoren und dem damit verbundenem hohen elektrischen Wirkungsgrad. Ebenfalls ist die schnelle Schaltgeschwindigkeit der Transistoren im Gegensatz zu primär getakteten vorteilhaft. Diese Gerätekonzepte sind aber etwas gewichtiger als primär getaktete Anlagen. Die Hersteller CLOOS und NIMAK beispielsweise sind auf diesem Sektor stark vertreten [8].

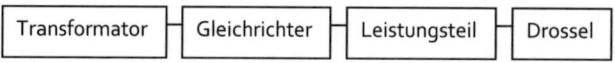

2.3.7.5 Vollständige Digitalisierung

Bisher erläuterte rechnergesteuerte Transistorstromquellen sind immer noch mit analogen Prozessreglern ausgestattet. Die vollständige Digitalisierung des Systems bedeutet auch den Einsatz von digitalen Signalprozessoren. Das vollständig digitalisierte System besitzt eine höhere Genauigkeit und Reproduzierbarkeit der Schweißergebnisse, da temperaturabhängige analogen Bauteile eliminiert wurden [8].

3 Praktische Voruntersuchung

3.1 Allgemein:

Die in Dingolfing gefertigten Vorderachsträger der aktuellen Modelle E87 und E90 werden im Werk 2.1, Halle 87 zusammengeschweißt. Dabei kommen in der gesamten Vorderachsträgerfertigung MIG-Schweißanlagen der Firma CLOOS Anwendung. Aufgrund der steigenden Nachfrage und dem immer größer werdenden Konkurrenzkampf auf dem heutigen Weltmarkt, sind ständige Optimierungen und Anpassungsstrategien zur Verbesserung der Schweißnahtqualität und Wirtschaftlichkeit auf diesem Gebiet notwendig. In der Fertigung im Werk 2.1 existieren drei Linien, welche parallel gleiche Vorderachsträgerkomponenten zusammenschweißen. Am Anfang dieser Untersuchung bei BMW in Dingolfing, wurden Optimierungen im Bereich Schutzgas- und Brennereinsatz an zwei verschiedenen Linien (L1/L2) untersucht.

3.2 Gasoptimierung: [L1]

3.2.1 Erläuterung:

Zur Optimierung des Schweißprozesses in der Fertigung wurden bei der BMW Group in Dingolfing im Werk 2.1, am Vorderachsträger verschiedene Schutzgasgemische untersucht. Als Referenzmaß dienten 100% Argon ohne Sauerstoff. Im Versuch1 kamen dann 300ppm Sauerstoff hinzu. Im zweiten und dritten Versuch wurden jeweils 15% und dann 10% Helium dem Schutzgas hinzugemischt. Zur Untersuchung des Einbrandes, wurden Schliffbilder angefertigt und anschließend mit dem Programm „Metric", das a-Maß und die Nahtquerschnittsfläche vermessen.

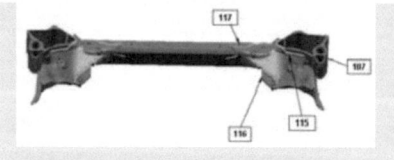

Referenzmaß 100% Ar
Versuch1 100% Ar, 300ppm O_2
Versuch2 85% Ar, 15% He, 300ppm O_2
Versuch3 90% Ar, 10% He, 300ppm O_2

Abbildung-025: Schweißnahtpositionen   Abbildung-026: Optimierungsversuche

3.2.2 Schweißnähte:

3.2.3

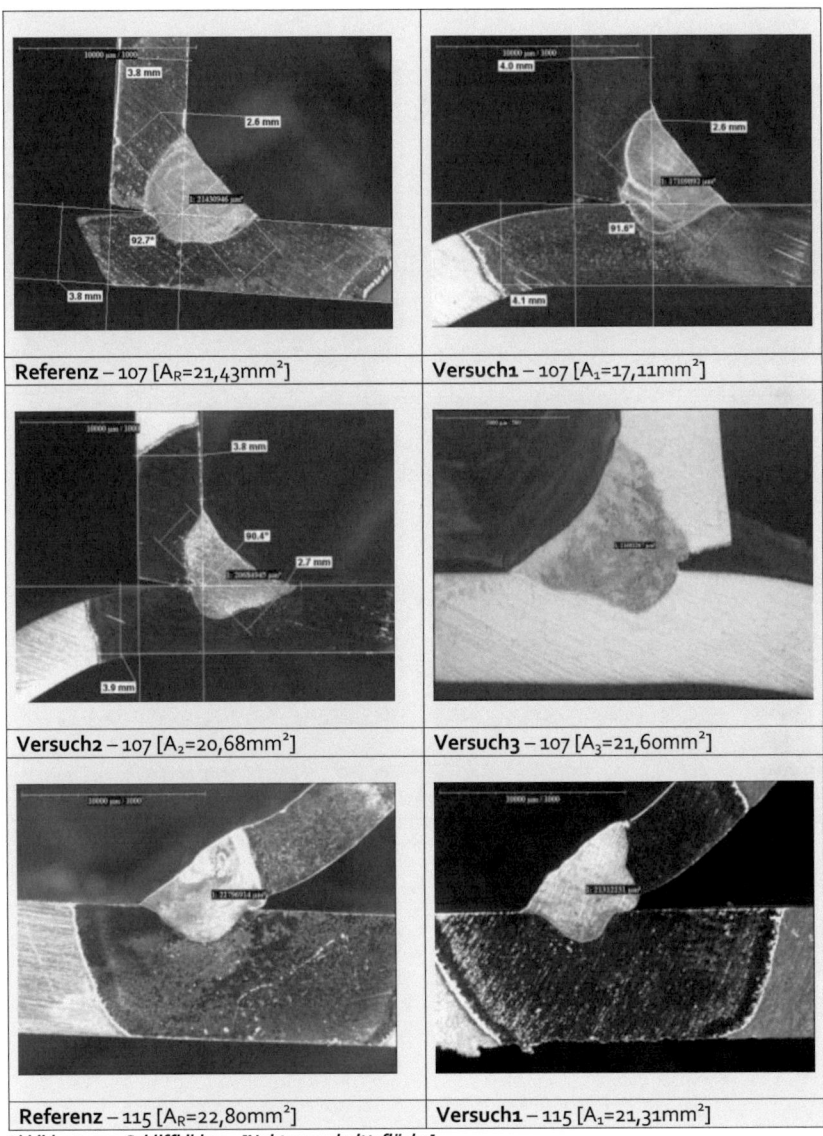

Abbildung-027: Schliffbilder1 - [Nahtquerschnittsfläche]

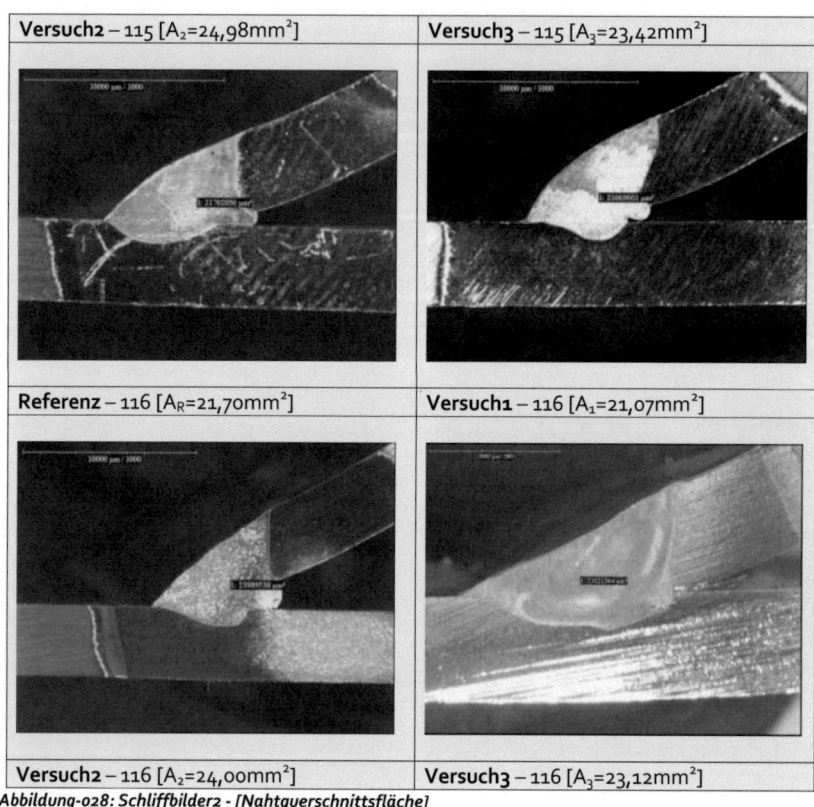

Abbildung-028: Schliffbilder2 - [Nahtquerschnittsfläche]

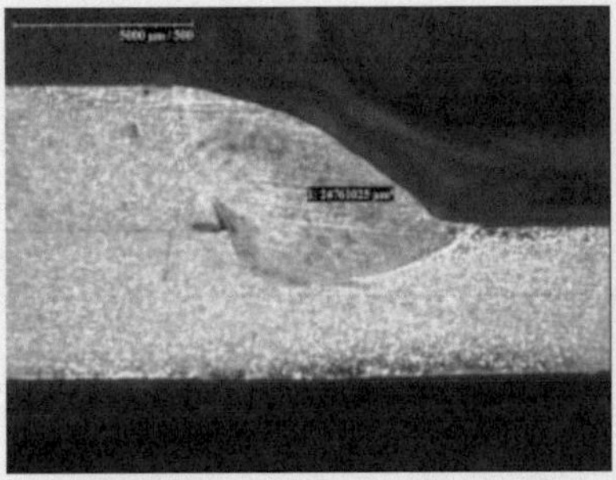 Referenz – 117 [A_R=24,76mm^2]	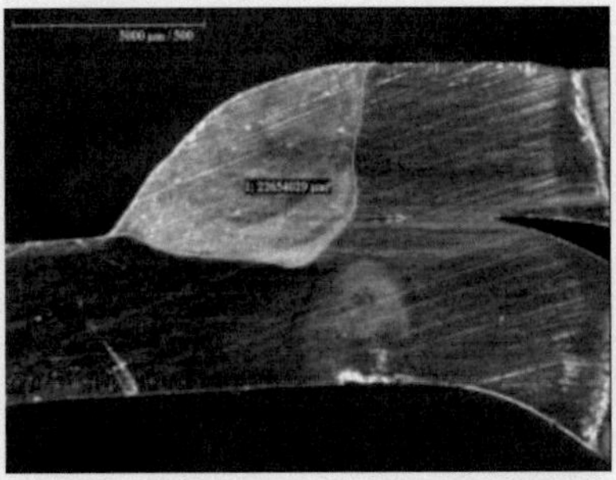 Versuch1 – 117 [A_1=22,65mm^2]
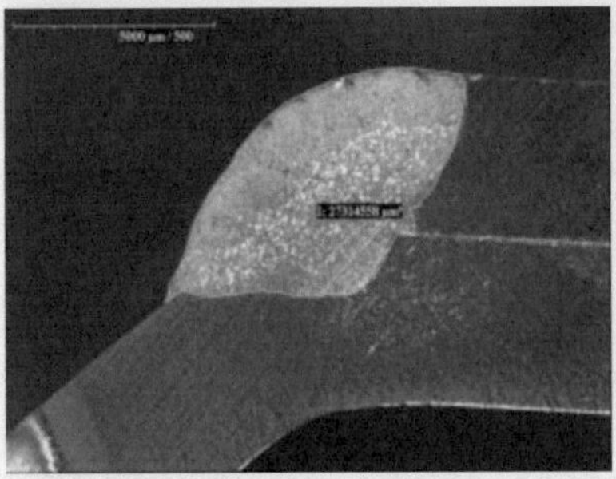 Versuch2 – 117 [A_2=27,31mm^2]	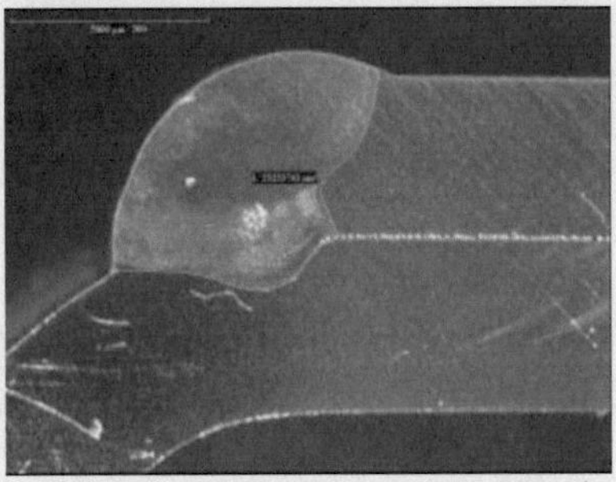 Versuch3 – 117 [A_3=25,25mm^2]

Abbildung-029: Schliffbilder3 - [Nahtquerschnittsfläche]

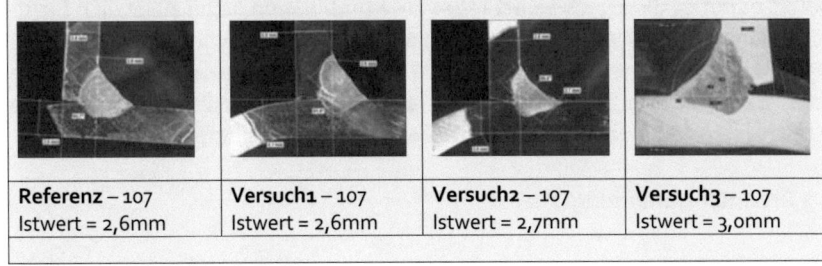

Referenz – 107	Versuch1 – 107	Versuch2 – 107	Versuch3 – 107
Istwert = 2,6mm	Istwert = 2,6mm	Istwert = 2,7mm	Istwert = 3,0mm

Abbildung-030: Schliffbilder - [a-Maß]

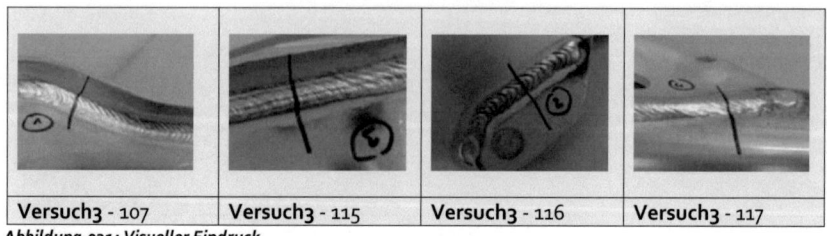

| Versuch3 - 107 | Versuch3 - 115 | Versuch3 - 116 | Versuch3 - 117 |

Abbildung-031: Visueller Eindruck

3.2.4 Auswertung:

In allen drei Versuchen konnte das geforderte a-Maß von 2mm eingehalten werden. Bezüglich des Flankeneinbrandes und der Nahtquerschnittsfläche wurden die theoretischen Erwartungen positiv bestätigt. Die angefertigten Schliffbilder zeigen gut, dass der Einsatz von Helium generell die Nahtquerschnittsfläche und somit das Nahtvolumen vergrößert. Der Sauerstoffanteil reduziert wiederum das Nahtvolumen im Gegensatz zu Reinargon (Versuch1). Dabei weißt der 15% Heliumeinsatz die größte Nahtquerschnittsfläche auf und der Einsatz von 100% Argon mit 300ppm Sauerstoff die geringste Fläche. Weiterhin kann man erkennen, dass der 10% Heliumeinsatz eine leichte Verbesserung der Nahtquerschnittsfläche im Vergleich zu Reinargon ohne Sauerstoff aufweißt. Der linsenförmige Einbrand ermöglicht eine bessere Flankenerfassung und somit einen bessere Kraftüberleitung zwischen geschweißten Oberblech und Unterblech. Aufgrund der schlechten Ionisierung von Helium muss der Schweißvorgang unter Sauerstoffzugabe erfolgen. Sauerstoff macht erfahrungsgemäß den Lichtbogen etwas länger, Helium dagegen etwas kürzer. Somit benötigt diese sich selbst regelnde Kombination keine zusätzlich Lichtbogenlängenregelung. Da sich die Nahtquerschnittsfläche und visuell die Nahtqualität zwischen dem Einsatz von 15% und 10% Helium im Gasgemisch nicht wesentlich unterscheidet, wurde aus Gründen der Wirtschaftlichkeit die letzteren Einstellungen bis jetzt in der Fertigung beibehalten.

3.3 Brenneroptimierung: [L2]

3.3.1 Erläuterung:

Bei einer weiteren Optimierung der Schweißnahtqualität in der Fertigung wurde der Einsatz eines optimierten Serienbrenners in Linie2 untersucht. Beide Brenner waren jeweils von der Firma CLOOS. Bei symmetrischen Bauteilen kommen immer zwei Brenner zum Einsatz, die gleichzeitig eine entsprechende Seite schweißen. Zum besseren Vergleich der Schweißnähte beider Brenner, wurde daher in einer Schweißanlage der alte Stand mit normaler Flaschenhals-Gasdüse auf einer Seite beibehalten. Dagegen wurde die andere Seite durch den neuen Brenner mit konische Gasdüse und Keramikgasverteiler ersetzt. Die Untersuchung dauerte ca. einen Monat an. Während dieser Zeit wurden insgesamt acht Träger der Fertigung zur näheren Untersuchung der Schweißnähte entnommen.

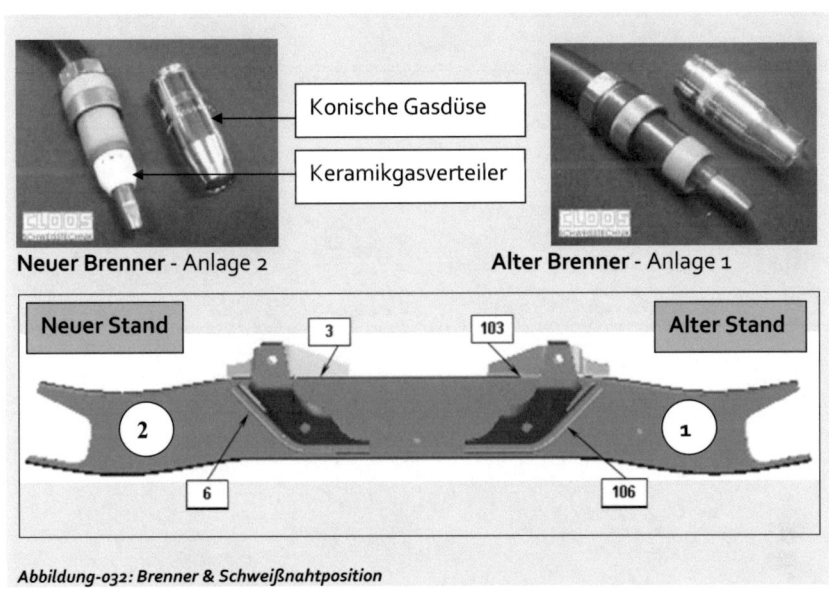

Abbildung-032: Brenner & Schweißnahtposition

3.3.2 Schweißnähte:

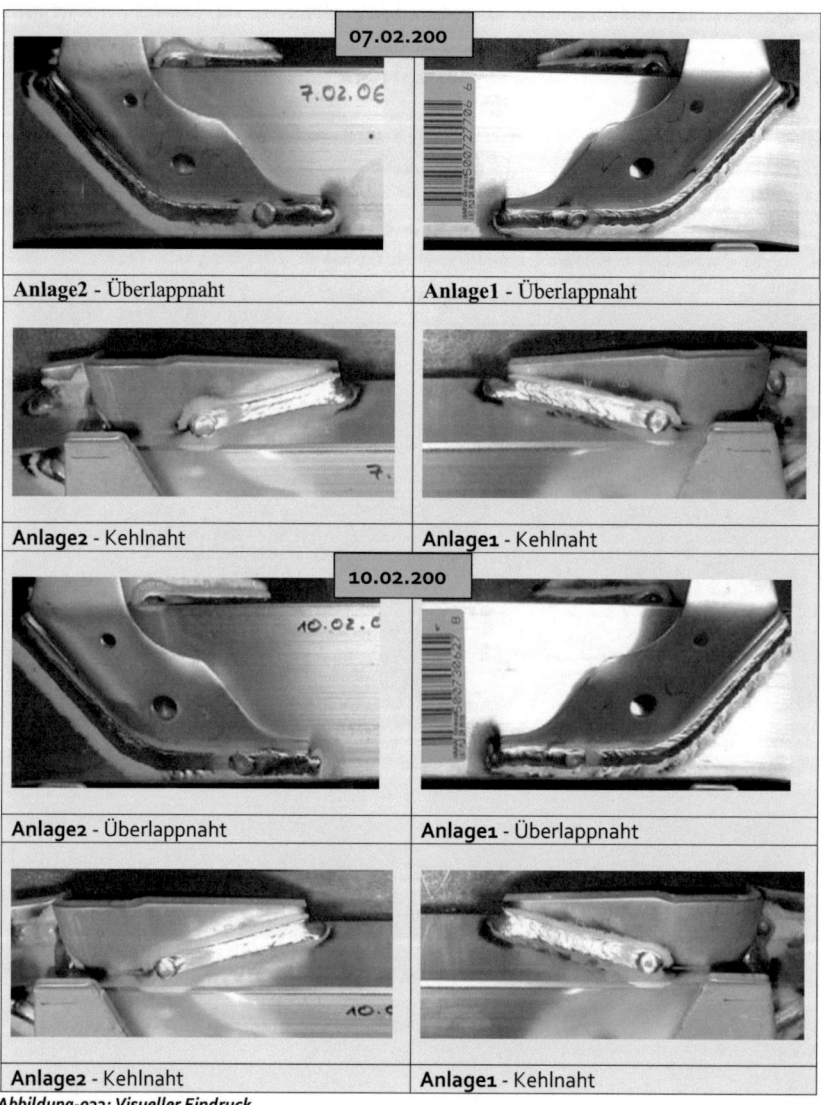

Abbildung-033: Visueller Eindruck

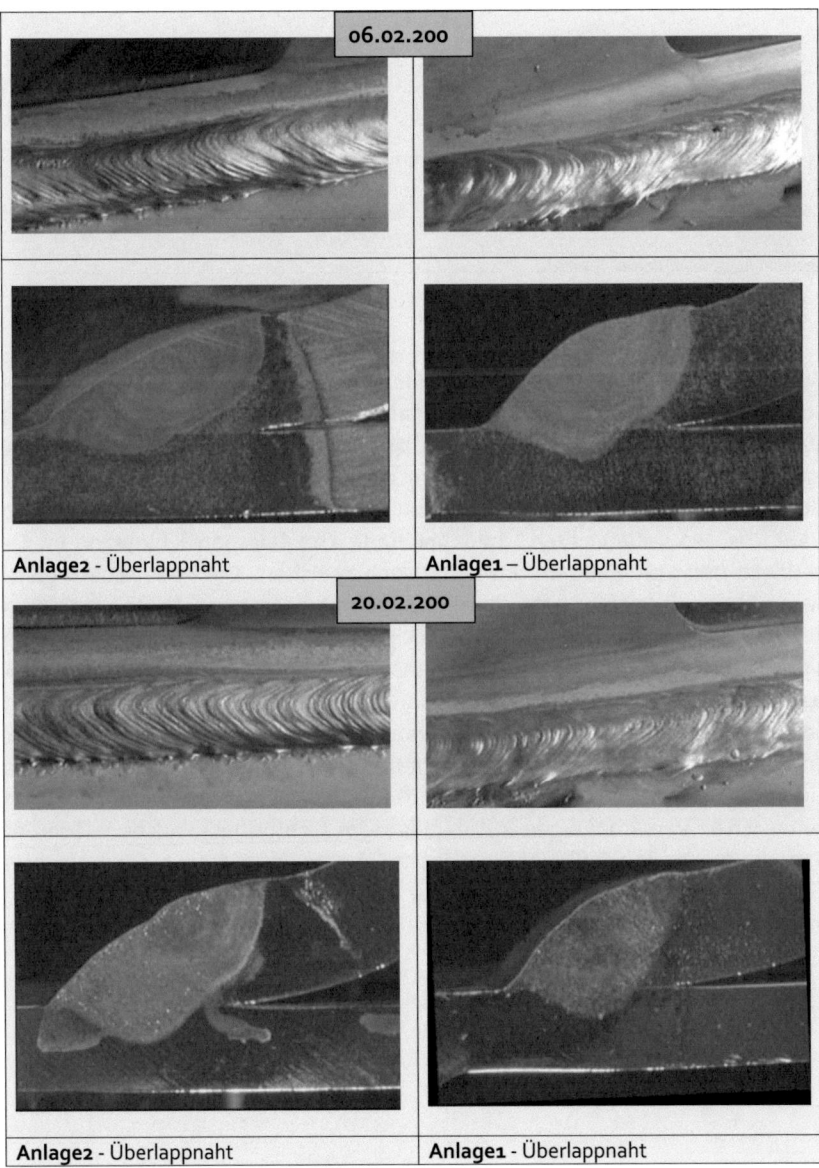

Abbildung-034: Visueller Eindruck und Schliffbilder

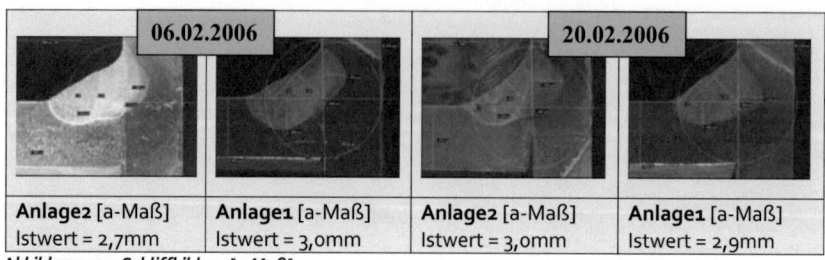

Anlage2 [a-Maß]	Anlage1 [a-Maß]	Anlage2 [a-Maß]	Anlage1 [a-Maß]
Istwert = 2,7mm	Istwert = 3,0mm	Istwert = 3,0mm	Istwert = 2,9mm

Abbildung-035: Schliffbilder - [a-Maß]

3.3.3 Auswertung:

Durch den Einsatz des optimierten Brenners in Anlage2 konnten optisch deutliche Verbesserungen bei der Schweißnaht erzielt werden. Sowohl Spritzer als auch Schmauchspuren wurden, unter Einhaltung des a-Maßes bei Kehlnähten von 2,5mm wesentlich verringert. Zwar ist der Einbrand, gemeinsam mit der Überwölbung, etwas flacher geworden, trotzdem wurde durch die breitere Naht, bei den untersuchten Überlappnähten ebenfalls 100% Einbrand im Oberblech und 30% Einbrand im Unterblech gesichert. Die neue silbern glänzende Naht mit leichter Schuppung besitzt eine bessere sichtbare homogene Reinigungszone. Die neue Gasdüse mit dem Keramikgasverteiler erwies sich als bessere Schutzgasführung, im Gegensatz zur herkömmlichen Flaschenhals-Gasdüse. Eine bessere Schutzgasführung verringert Verwirbelungen im Schutzgas, welche Ursache für Schmauchspuren und Spritzer auf der Schweißnaht sind. Erst wenn Sauerstoff die Schutzgasummantelung des Lichtbogens durchdringt, entsteht bei der Verbrennung Schmauch. Weiterhin verursachen Verwirbelungen Instabilitäten im Lichtbogen, welche wiederum Spritzer auf der Schweißnaht hinterlassen. Aufgrund dieser neu gesammelten Erkenntnisse, wurden nun beide Seiten der Schweißanlage auf den neuesten Stand umgerüstet.

4 Praktische Hauptuntersuchung

4.1 Problematik:

4.1.1 Aufgabenstellung:

Eine weitere Optimierung in Linie3 beschäftigte sich mit der Prozesssicherheit und Wiederholbarkeit des Schweißvorganges. Diese Untersuchung konzentrierte sich speziell auf die von der Firma CLOOS entwickelte Schweißstromquelle Quinto II in Zusammenhang mit der Stromkabelverlegung in der Fertigung. Stromversorgungskabel für den MIG-Schweißprozess zwischen Brenner und Stromquelle bzw. Werkstück und Stromquelle verschiedener Anlagen, wurden bei der Installation der Fertigungshalle vor zwei Jahren in Kabelschächten verlegt. Daraus ergaben sich längere Stromversorgungskabel mit teilweise verwickelter Anordnung, was sich wiederum negativ auf die Prozesssicherheit auswirken kann. Aufgrund der Tatsache aber, das die Stromkabel aus Sicherheitsgründen nicht am Boden liegen dürfen und somit nicht kürzer gehalten werden können, wurden seit Beginn der Fertigungshalle hardware- und softwareseitig Optimierungsversuche durchgeführt. Diese Untersuchungen in Zusammenarbeit mit Mitarbeitern der Firma CLOOS, zur Kompensation der Kabellängen, erwiesen sich als sehr umfangreich. Die Vielzahl der möglichen Schweißkonfigurationen, mit unterschiedlichen Prozessparametern und Einstellungen, bezüglich der Impulsform und Lichtbogenlängenregelung ergab die Notwendigkeit dieser Untersuchung. Die Aufgabe sollte sein, bereits bestehende Hard- und Softwarekomponenten der Firma CLOOS zum MIG-Schweißen von Aluminiumwerkstoffen im Fahrzeugbau, an einer separaten Schweißanlage mit der Stromkabelproblematik, durch mögliche Schweißkonfigurationen mit verschiedenen Einstellungen zu erproben. Aus Planung, Durchführung und Auswertung der Schweißergebnisse, sollten vergleichende Betrachtungen der verschiedenen Schweißkonfigurationen vorgenommen werden, um spätere Anwendungs- bzw. Einsatzmöglichkeiten für die Fertigung zu diskutieren.

4.1.2 Stromversorgungskabel:

Ohmsche Widerstände und Induktivitäten von Kabelsträngen hängen maßgeblich von ihrer Länge, dem Kabelquerschnitt und der vom Kabel beschriebenen Fläche (gewickelt oder aufgespannt) ab. Innenwiderstände von Stromkabeln mit einer Länge kleiner 0,5m sind dagegen vernachlässigbar. In der Fertigung jedoch besitzen die Schweißanlagen der Firma CLOOS bis 15m Stromkabel. Lange und teilweise gewickelte Leitungen haben größere Widerstände und erzeugen bei wechselnden Strömen im gewickelten Zustand zusätzlich

Induktivitäten. Gleiche Parametereinstellungen ergeben bei längeren Kabeln geringere Impulsströme im Falle der U/I-Regelung (Abschnitt 4.7.3.). Der Spannungsabfall ist immer proportional zur Stromänderung. Im Idealfall sollten immer kurze Leitungen verwendet werden, mit möglichst dicht beieinander parallel geführten Plus- und Minuspol. Praktisch ist dies schwer umsetzbar, deshalb musste schweißtechnisch eine Lösung gefunden werden.

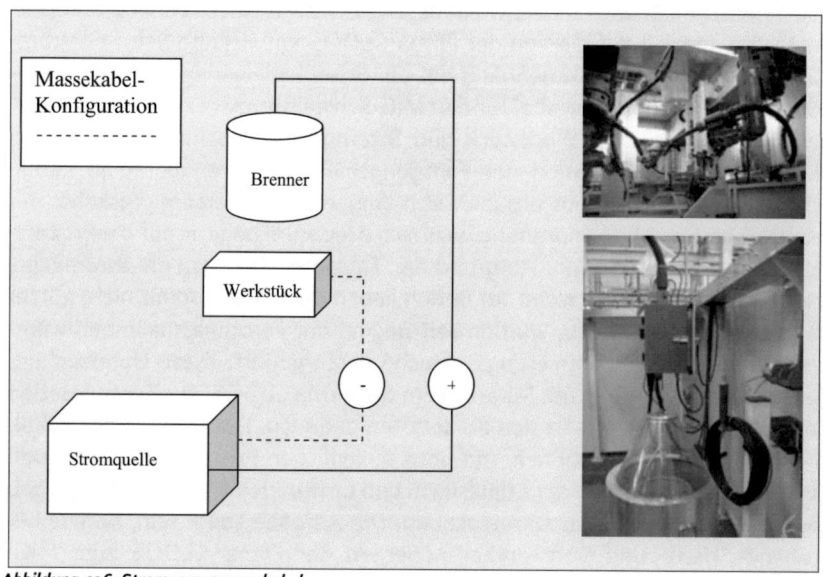

Abbildung-036: Stromversorgungskabel

Beim MSG-Schweißen befinden sich alle zum Schweißen benötigten Komponenten in Reihe. Dazu zählen der Brenner, das Werkstück und die Stromquelle selber (Abbildung-036). Bevor der Lichtbogen gezündet wird, besteht eine Unterbrechung der Reihenschaltung zwischen Brenner und Werkstück. Deswegen haben alle MSG-Schweißanlagen zwei Stromkabelstränge. Für alle praktischen Untersuchungen für diese Untersuchung, wurde die Stromkabel- bzw. Massekabelverbindung zwischen Werkstück und Stromquelle umkonfiguriert. Die Schlauchpakete zwischen Brenner und Stromquelle beinhalten zusätzlich zum Stromkabel die Wasserkühlung und den Drahtantrieb. Daher wäre eine Verlängerung dieser sehr aufwendig.

Bei der Wahl der Massekabelkonfigurationen wurden drei neue Zustände festgelegt (Abbildung-037). Die vorgenommenen Massekabellängenänderungen der Versuchsreihen, wurden nach Absprache mit meinen Betreuern und Mitarbeitern der Firma CLOOS als interessant eingestuft. Dazu zählte einmal 15m

Massekabel gezogen, 15m gewickelt und abschließend 15m gewickeltes Massekabel mit 15m Fremdkabel einer anderen Anlage verwickelt. Dabei wurde mit zwei Schweißanlagen gleichzeitig aber stromunabhängig geschweißt. Lediglich die bewegten Magnetfelder beider Anlagen beeinflussten sich während der Versuche. Diese drei festgelegten Massekabelkonfigurationen spiegeln jedoch nicht den tatsächlichen Zustand in der Fertigung wider. Aber mit Hilfe dieser simulierten Extremfälle, konnte später die untersuchte Problematik erkannt und deren Entwicklungstendenz festgestellt werden.

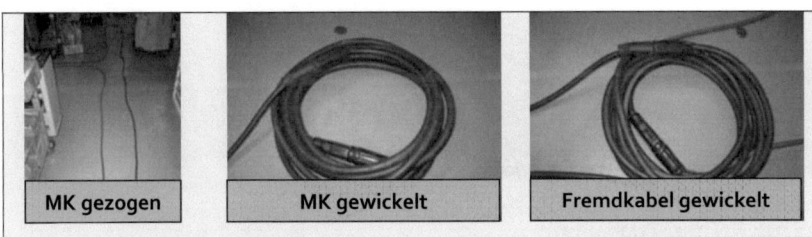

Abbildung-037: Massekabelkonfiguration

4.1.3 Theoretische Grundlagen:

4.1.3.1 Strom und Spannung:

Der elektrische Strom ist eine gerichtete Bewegung von Ladungsträgern. Dabei ist die Ursache der Übertragung elektrischer Energie eine Potentialdifferenz unter den Ladungsträgern. Somit ist eine Spannung immer die Ursache von Strömen. Die Bewegungsrichtung der Elektronen erfolgt immer von Minus zu Plus. Aus technischer Sicht jedoch, fließt der Strom von Plus zu Minus. Im Gegensatz zum Strom ist die elektrische Spannung eine physikalische Größe, welche die zur Bewegung benötigte Energie von elektrischer Ladung im elektrischen Feld beschreibt [9].

4.1.3.2 Gleich- und Wechselstromnetze:

In Gleichstromnetz sind alle Ströme und Spannungen zeitlich konstant. Daher können nur ohmsche Widerstände zum Einsatz kommen. In Wechselstromnetzen dagegen, ändern sich Ströme und Spannungen zeitlich. Diese Änderung wird über die Periodizität oder Frequenz beschrieben. Neben ohmschen Widerständen können in Wechselstromnetzen dadurch auch Kapazitäten und Induktivitäten vorkommen [9].

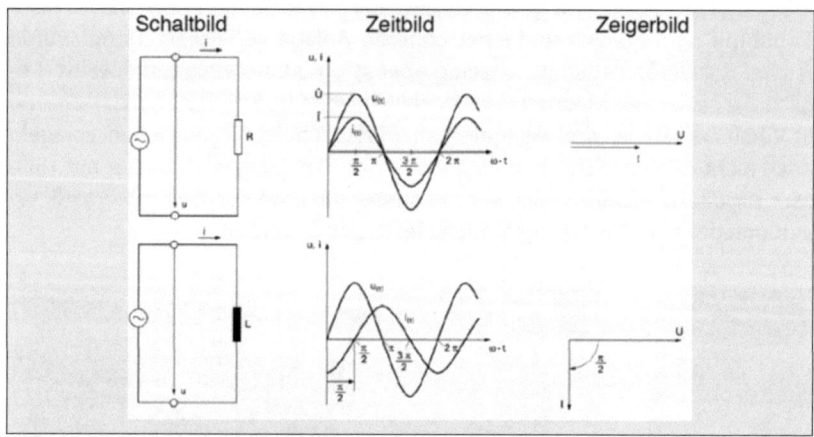

Abbildung-038: Ohmsche & Induktive Widerstände [9]

4.1.3.3 Reihenschaltung:

Für die Reihenschaltung gilt, dass der Gesamtstrom gleich der Einzelströme ist. Bei Spannungen und Widerständen ergeben die Einzelwerte in der Summe eine Gesamtspannung bzw. den Gesamtwiderstand einer Reihenschaltung. Spannungen fallen immer über Widerstände ab. Dazu zählen die stromführenden Verbindungskabel und der Lichtbogen zwischen Brenner und Werkstück. Entstehende Spannungsverluste müssen von der Stromquelle nachgeregelt werden. Für alle Untersuchungen wurden dazu jeweils Prozessströme und -spannungen direkt am Werkstück bzw. Brenner aufgezeichnet. Im Abschnitt 4.2.8. wird auf diese Problematik noch einmal etwas näher eingegangen.

4.1.4 Theoretische Berechnung:

4.1.4.1 Ohmscher Widerstand:

Der ohmsche Widerstand R eines stromdurchflossenen Leiters ergibt sich aus dem Produkt des spezifischen Widerstandes ρ und der Länge l des Leiters, geteilt durch die Leiterquerschnittsfläche A. Dabei ist der ohmsche Widerstand direkt proportional zur Leiterlänge. Zur theoretischen Berechnung von ohmschen Widerständen wurden, wie bei den späteren Untersuchungen, Kabellängen von 5m und 15m angesetzt.

$$R = \rho_{Kupfer} \times \frac{l_{Kabel}}{A_{Kabel}}$$

$l_1 = 5m$ → $R = 0{,}0178\Omega \times \frac{mm^2}{m} \times \frac{5m}{\pi \times (5mm)^2}$ $\quad R_1 = 1{,}13 m\Omega$

$l_2 = 15m$ → $R = 0{,}0178\Omega \times \frac{mm^2}{m} \times \frac{15m}{\pi \times (5mm)^2}$ $\quad R_2 = 3{,}40 m\Omega$

$$\Delta R = 2{,}27 m\Omega$$

4.1.4.2 Induktiver Widerstand:

Gewickelte stromdurchflossene Leiter erzeugen in Wechselstromkreisen zusätzlich zum ohmschen Widerstand, aufgrund des erzeugten Magnetfeldes, Induktivitäten. Der gepulste DC-Impulslichtbogen arbeitet im Grunde mit gepulstem Gleichstrom. Doch der Wechsel zwischen Grundstromphase und Impulsphase stellt ebenfalls einen zeitlichen Wechsel von Strömen dar, und ist somit Ursache auftretender Induktivitäten im eigentlichen Gleichstromkreis. Die eben erläuterte Stromänderung in einer Spule bringt auch immer eine Änderung des Magnetfeldes mit sich. Die dabei in der Spule entstehende Induktionsspannung (Selbstinduktion) ist nach dem Lenzschen Gesetz ihrer Ursache (Stromänderung) entgegengerichtet. Damit verhalten sich die Stromänderung und die Induktionsspannung proportional zur Magnetfeldänderung:

$$V = \frac{A}{s} \times \frac{Vs}{A}$$

Eine Spule hat eine Induktivität L von einem Henry, wenn bei gleichförmiger Stromänderung von einem Ampere in einer Sekunde eine Selbstinduktionsspannung von einem Volt induziert wird.

$$H = \frac{Vs}{A}$$

Zur Berechnung des induktiven Widerstandes, muss zunächst die Induktivität L bestimmt werden. Die Induktivität einer Spule ergibt sich aus dem Produkt von elektrischer Feldkonstante μ_o, Permeabilitätszahl μ_r des Spulenkerns, Windungszahl N^2 der Spule und ihrer Querschnittsfläche A, geteilt durch die aufgewickelte Länge l der Spule. Die Untersuchungen mit 15m gewickeltem Massekabel simulierten eine Luftspule ohne Eisenkern. Multipliziert man nun die Induktivität mit der Kreisfrequenz ω, erhält man den induktiven Widerstand X_L.

$$L = \mu_0 \times \mu_r \times N^2 \times \frac{A_{Spule}}{l_{Spule}}$$

$$L = 1{,}256 \cdot 10^{-6} \frac{Vs}{Am} \times 1 \times 10^2 \times \frac{\pi \times (0{,}20m)^2}{0{,}10m} \qquad L = 0{,}000158 \frac{Vs}{A} = 0{,}158 mH$$

$$X_L = \omega \times L$$

$$X_L = 2\pi f \times L \qquad X_L = 2\pi \times 120 Hz \times 0{,}158 mH \qquad X_L = 0{,}12 \frac{V}{A} = 0{,}12 \Omega$$

4.1.4.3 Auswertung:

Für das Rechenbeispiel wurde, die für die Versuche später praktisch umgesetzte Spule, mit 10 Windungen, einer Fläche von 0,20m² und einer Länge von 0,10m angenommen. Gut zu erkennen ist, dass bei einer Frequenz von 120Hz der induktive Widerstand im Gegensatz zum ohmschen Widerstand, vom Betrag her, um zwei Kommastellen größer ist. Somit wird der Gesamtwiderstand, aus der Summe von ohmschen und induktiven Widerstand im Wesentlichen durch auftretende Induktivitäten bestimmt. Da Induktivitäten immer nur im Zusammenhang mit Frequenzen auftreten, ergibt sich dadurch die Möglichkeit über eine Frequenzreduzierung auch den induktiven Widerstand im Wechselstromkreis niedrig zu halten. Man sollte aber beachten, dass eine Verringerung der Frequenz beim MIG-Schweißen die Stromflächenverteilung beeinflusst und damit die Tropfengröße erhöht. Eine nicht an den Schweißprozess angepasste Tropfengröße kann die eigentliche Tropfenablösung unkontrollierbar machen. Bei steigenden Leistungsbereichen, wie zum Beispiel in der Fertigung bei Drahtvorschüben von bis zu 7m/min, muss zusätzlich die Frequenz auf bis zu 200Hz erhöht werden. Somit wurde für alle Untersuchungen eine Impulsfrequenz von 120Hz beibehalten.

4.2 Versuchsanlage:

4.2.1 Schweißbrenner:

Der Schweißbrenner dient sowohl als Schutzgas- als auch als Schweißstromführung. Dabei tritt das Schutzgas über die Gasdüse am Ende des Brenners aus und erzeugt eine Schutzgasglocke für den Lichtbogen und das Schweißbad. Der Schweißstrom wird über das Kontaktrohr zur Drahtelektrode geführt. Zur besseren Förderung der weichen Al-Drahtelektroden werden beim mechanisierten MIG-Schweißen zusätzliche Antriebseinheiten (Push-Pull-Antriebe) im Brenner integriert, um die Nachführung des Drahtes zu gewährleisten. Das Schlauchpaket stellt die Verbindung zwischen der Drahtvorschubeinheit und dem Brenner dar und leitet die Medien Schutzgas, Kühlflüssigkeit und Schweißstrom zum Brenner und zum Werkstück. Für die nachfolgenden Versuche wurden sowohl der Brenner als auch der Schweißroboter von der Firma CLOOS verwendet. Der wassergekühlte Brenner verfügte neben der Standard Kontaktspitze über einen Keramikgasverteiler und einer konische Gasdüse (Abbildung-039). Mit Hilfe des Roboters CLOOS ROMAT 260 lief der gesamte Schweißprozess vollmechanisiert ab (Abbildung-045). Das Werkstück mit dem Massekabelanschluss wurde auf einer Arbeitsplatte festgespannt (Abbildung-043).

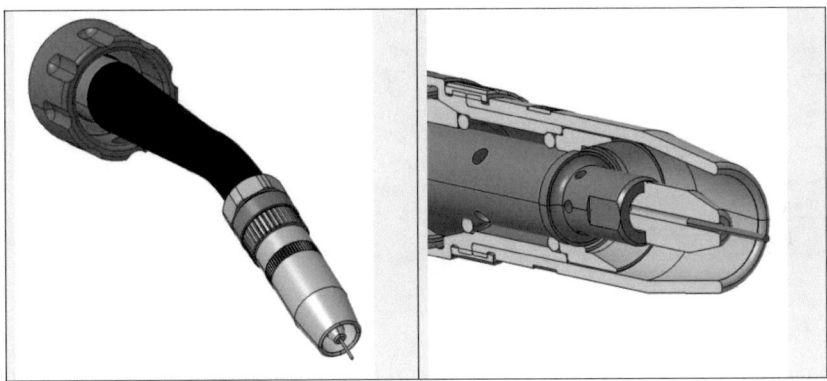

Abbildung-039: Brenner - CLOOS

4.2.2 Stromquelle:

Alle Versuche wurden mit eine sekundärgetakteten Schweißstromquelle der Firma CLOOS, mit integrierter Wasserzirkulierung zur Brennerkühlung durchgeführt (Abbildung-040). Die Hauptaufgabe der Stromquelle war die Bereitstellung elektrischer Energie für die Erzeugung des Lichtbogens, zum Aufschmelzen von Grund- und Zusatzwerkstoff. Zur Strom- und Spannungsregulierung standen zusätzlich zwei Hauptplatinen zur Verfügung. Bei der Versuchsdurchführung wurde mit gepulstem Gleichstrom gearbeitet. Leistungs- und Impulsparameter konnten am Gerät individuell eingestellt und an den jeweiligen Schweißprozess angepasst werden.

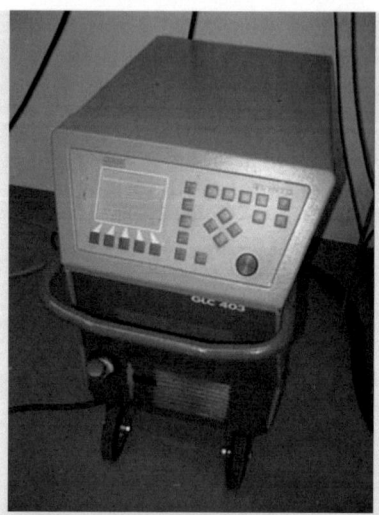

Abbildung-040: Stromquelle

Abbildung-041: Hauptplatine [K2/K3]

GLC403 QUINTO	
Netzspannung	3x400V/ 32A/ 13,3kVA
Leerlaufspannung	67V
Schweißbereich	40A/ 15V – 400A/ 34V
Leistung 60% ED	400A/ 34V
Leistung 100% ED	310A/ 30V
Drahtförderleistung	0-30m/min
Schutzart	IP 23
Kühlart	F
Isolierklasse	F (155°)
Abmaße - Stromquelle	1190x500x1040mm
Abmaße - Drahtantrieb	620x410x240mm
Gewicht - Stromquelle	228kg
Gewicht - Drahtantrieb	23kg

Tabelle-08: Stromquelle - Datenblatt

4.2.3 Steuereinheit:

Die Steuereinheit CLOOS ROTROL 32 TM diente im Wesentlichen zur Programmierung der Roboterbewegung für die Schweißversuche (Abbildung-045). Über eine separate Kontrolleinheit wurden die Bewegungsabläufe punktweise angefahren und auf dem Computer gespeichert. Dieser berechnete und interpolierte dann die resultierende Brennerbewegung für die Auftragsnähte. Weiterhin war es möglich den Brennervorschub festzulegen. Weitere Aufgaben der Steuereinheit in Zusammenarbeit mit der Stromquelle waren das Regeln für das Gasvorströmen und Gasnachströmen, Einschleichen (reduzierter v_{Draht} beim Zünden), Zündung (Zündimpuls, Drahtrückziehung zum sicheren Zünden), Kraterfüllen (Leistungsabsenkung zum Auffüllen des Endkraters) und der Regelung für das Rückbrennen (Freibrennen des Drahtes nach Schweißstopp). Leistung und Lichtbogen konnten zusätzlich an- und abgeschaltet werden.

4.2.4 Gasanschluss:

Damit der Schweißprozess mit Schutzgas ablaufen konnte, wurden Argongasflaschen über einen separaten Gasanschluss in den Schweißprozess integriert. Volumenstrom- und Druckregler ermöglichten eine zusätzliche Kontrolle der Schutzgaszufuhr (Abbildung-046).

4.2.5 Drahtabwicklung:

Die Drahtvorschubeinheit als Pushantrieb (Abbildung-044), befördert die Drahtelektrode von der Spule mit einstellbarer Geschwindigkeit durch das Schlauchpaket zum Brenner, welcher als Pullantrieb zieht. Nur bei gleichmäßiger Drahtförderung kann ein stabiler Lichtbogen mit gleicher Länge gewährleistet werden. Somit fördert ein konstanter Drahtvorschub auch die Lichtbogen- und Schweißnahtqualität.

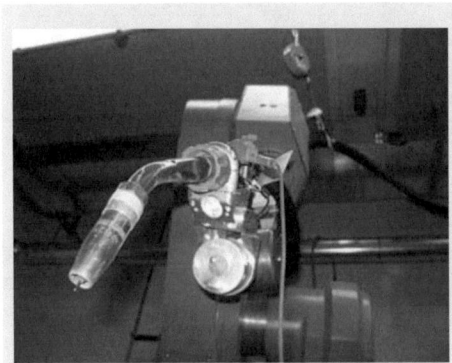

Abbildung-042: Brenner [Pull]

Abbildung-043: Probeblech

Abbildung-044: Drahtwicklung[Push]

Abbildung-046: Gasanschluss

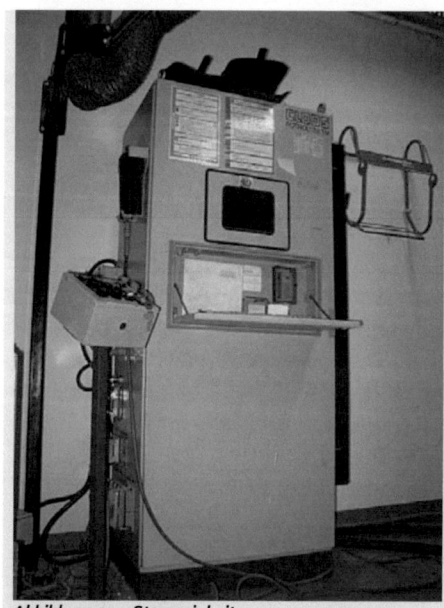

Abbildung-045: Steuereinheit

4.2.6 Messwerterfassung: [Hall-Effekt]

Zur Validierung der Schweißergebnisse wurden während der Schweißung mit Hilfe eines Hall-Sensors (Abbildung-048), Prozessstrom und -spannung an Brenner und Werkstück computergestützt überwacht und aufgezeichnet. Weiterhin zählten zu den wichtigsten Hardware-Komponenten zur Messwerterfassung ein Standard-PC mit A/D-Wandlerkarte, ein Tiefpassfilter und ein Hall-Wandler. Das Programm „Analysator-Hannover" diente zur Darstellung der erfassten Messwerte über den gewählten Zeitraum von 4s. Ebenfalls war es möglich, die Häufigkeitsverteilung von Prozessspannungen und -strömen über den gemessenen Zeitraum zu bestimmen.

Die Ursache eines Stromflusses in einem Leiter sind immer bewegte Elektronen. Wird nun quer zur Strömungsrichtung des primären Stromes ein zusätzliches Magnetfeld erzeugt, kommt es zur Verbiegung der ursprünglich parallelen Elektronenbahn im stromdurchflossenen Leiter. Die Elektronen werden durch das Magnetfeld von der Lorentzkraft senkrecht zur Bewegungsrichtung abgelenkt. Somit entsteht auf einer Seite ein Elektronenmangel und auf der anderen Seite werden Elektronen angereichert. Diese Potentialdifferenz sorgt zwischen den zwei Punkten für einen Stromfluss (Hall-Effekt). Mit Hilfe eines Galvanometers lässt sich dieser dann messen [9].

Abbildung-047: Analysator-Hannover *Abbildung-048: Hall-Sensor*

4.2.7 Messung und Messbereich:

Die individuelle Prozessparameterfindung der einzelnen Konfigurationen beschränkte sich hauptsächlich auf den Hauptschweißvorgang. Anfangs- und Endkraterprozessparameter wurden nur standardmäßig übernommen und lediglich einmalig für die Probeblechabmessungen angepasst. Auch aufgrund der Tatsache, dass Anfangs- und Endkrater immer kurzschlussbehaftet sind, musste bei der Messwerterfassung darauf geachtet werden, dass diese nicht mit gemessen wurden. Andernfalls könnten Lichtbogenstörungen die Messwerte verfälschen.

Die mit Hilfe des Analysator-Hannovers aufgezeichneten Messwerte, wurden später in Excel exportiert. Dabei wurden anfänglich sieben zeitabhängige, aufeinander folgende Impulse mit ca. 2000 Messwerten zur Strom- und Spannungsanalyse nach verstrichenen 2s der Messwerterfassung übernommen. Damit wurden mögliche Lichtbogenstörungen, durch Anfangskrater oder falsch eingestellten Elektrodenabstand zum Bauteil nochmalig reduziert. Zur Darstellung und Validierung der gewonnenen Rechtecksignale für die Untersuchung, wurden abschließend drei aufeinander folgende Impulse mit insgesamt 867 zeitabhängigen Messwerten, für jeweils Schweißstrom und -spannung im Diagramm übernommen. Der Abschnitt 4.6.2. enthält dazu nähere Informationen.

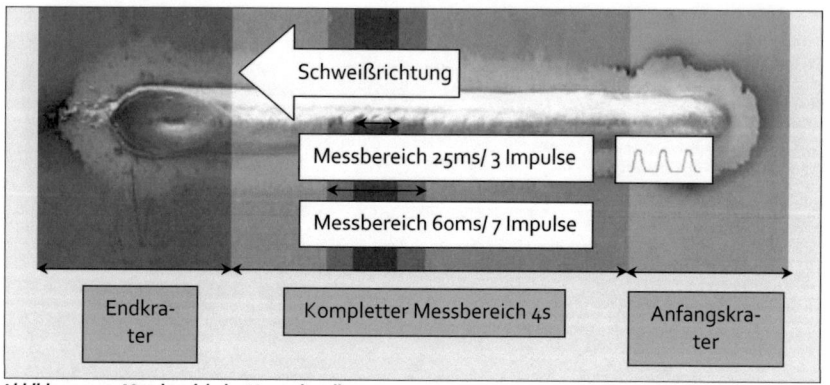

Abbildung-049: Messbereich der Versuchsreihen

4.2.8 Messwertcharakter:

4.2.8.1 Allgemein

In diesem Abschnitt soll erklärt werden, welche Werte für die Auswertungen der Untersuchungen Anwendung fanden. Alle mittels des Hall-Sensors erfassten Werte, repräsentieren Momentanwerte von Prozessstrom bzw. -spannung in Abhängigkeit der Messwertaufzeichnung von 4s. Diese bildeten die Basis für alle in Abschnitt 4.6.2. beschriebenen Diagramme mit aufgezeichneten Impulsformen. Die von der Stromquelle gemessenen Werte, waren dagegen Effektivwerte von Prozessstrom I_S bzw. -spannung U_S, für den gesamten Schweißvorgang von etwa 7s. Trotz unterschiedlichen Messzeiträumen, wurde auf eine Effektivwertermittlung der mittels Hall-Sensors aufgezeichneten Prozessströme und -spannungen verzichtet. Die in der Auswertung (Abschnitt 5.) vorliegenden Tabellen beinhalten zu den Effektivwerten von Prozessstrom I_S bzw. -spannung U_S Spitzenwerte von Grundstrom und Impulsstrom bzw. Grundspannung und Impulsspannung. Bezogen auf die jeweilige Lichtbogenlängenregelung wurde, vor der eigentlichen Schweißung bei U/I der Grundstrom bzw. die Impulsspannung und bei I/I der Grund- bzw. der Impulsstrom mit einem Maximalwert, direkt an der Schweißstromquelle festgelegt. Die Momentanwerte und Effektivwerte der Klemmspannung waren für die Auswertungen weniger interessant und wurden auch aus technischen Gründen nicht mit aufgezeichnet. In einer Reihenschaltung sind Prozess- und Klemmstrom gleich.

4.2.8.2 Spitzenwert

Der Spitzenwert oder auch Scheitelwert genannt, beschreibt den Maximalwert eines sich zeitlich ändernden Signals, in Abhängigkeit der untersuchten Zeit [9].

4.2.8.3 Effektivwert

Der Effektivwert beschreibt den quadratischen arithmetischen Mittelwert einer Messreihe. Effektivwerte von Strömen und Spannungen lassen sich sowohl für die Gleichstrom- wie auch die Wechselstromtechnik verwenden [9].

4.2.9 Weitere Untersuchungen:

Zu den erfassten Messwerten wurden auch Aufnahmen einzelner Schweißungen mit Hilfe einer Hochgeschwindigkeitskamera der Firma KODAK (Abbildung-051) vorgenommen. Dadurch wurde zu Beginn der Untersuchungen ein besseres Verständnis des MIG-Schweißprozesses für Aluminiumwerkstoffe erlangt. Zur Analyse von Einbrand und Nahtquerschnittsfläche der geschweißten Konfigurationen, wurden von ausgewählten Probeblechen in der werkseigenen Schleifanlage Werk 2.1, Halle 87 Schliffe angefertigt. Dieser dreistufige Prozess beinhaltete einen Vorschliff, einen Feinschliff und abschließender die Elektrolyse mit Salpetersäure. Zur Aufnahme der Schliffe standen insgesamt drei Kameras zur Verfügung. Aufgrund der Bildqualität kam ein Videomikroskop vom Typ „LEICA MZ75" (Abbildung-050) im Werk 2.1, Halle 26 zum Einsatz. Abschließend wurde die Nahtquerschnittsfläche der erstellten Bilder mit der Software „CLEMEX Vision Lite" vermessen und gespeichert.

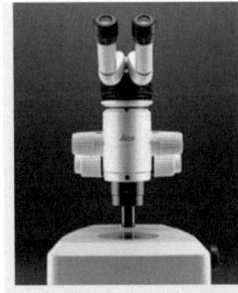

Abbildung-050: LEICA-Mikroskop

Abbildung-051: KODAK-Kamera

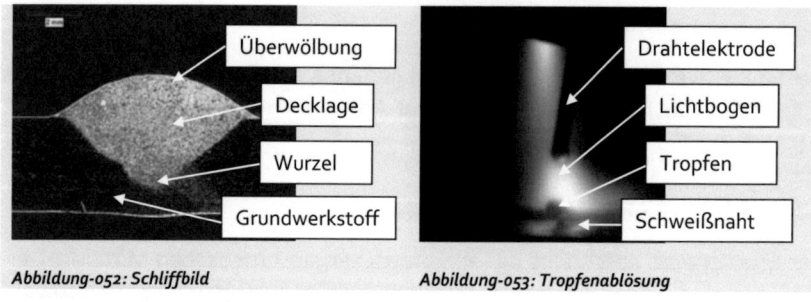

Abbildung-052: Schliffbild *Abbildung-053: Tropfenablösung*

4.3 Versuchswerkstoffe:

4.3.1 AlSi5 - Zusatzwerkstoff:

Der verwendete Zusatzwerkstoff sollte immer höher legiert und härter sein als der Grundwerkstoff, um der Entfestigung des Aluminiums durch die Wärmeeinbringung entgegenzuwirken. Die Schweißzusatzwerkstoffe für Aluminium und seine Legierungen (Zusammensetzung, Abmessung, Kennzeichnung) sind nach DIN 1732 genormt. Die Legierung des Zusatzwerkstoffes muss, abhängig von der Legierungsart des Grundwerkstoffes (Reinaluminium, naturharte oder aushärtbare Legierungen), auf den Grundwerkstoff abgestimmt sein. Für die nachstehenden Versuche diente einer bei der BMW Group häufig eingesetzter Zusatzwerkstoff SG-AlSi5 (Werkstoffnummer: 3.2245). Diese nichtaushärtbare Gusslegierung ist als Drahtelektrode für den MIG-Schweißprozess in den Drahtdurchmessern 0,8 mm, 1,0 mm, 1,2 mm, 1,6 mm und 2,4 mm erhältlich. Der Durchmesser des Drahtes wird in Abhängigkeit von Stromstärke und Schweißaufgabe dem Schweißprozess angepasst. Schweißzusätze mit der Bezeichnung „SG" werden mit metallisch blanker Oberfläche geliefert, umhüllte Drahtelektroden erhalten die Kennzeichnung „EL".

Zusatzwerkstoff	Dehngrenze $R_{p0,2}$ [N/mm^2]	Zugfestigkeit R_m [N/mm^2]	Bruchdehnung A [%]
SG-AlSi5	40	120	8

Tabelle-09: Mechanische Eigenschaften [AlSi5]

Zusatzwerkstoff	Cr	Cu	Fe	Mg	Mn	Si	Ti	Zn	Zusätze
SG-AlSi5	-	bis 0,05	bis 0,4	bis 0,1	bis 0,2	4,5 - 5,5	bis 0,15	bis 0,2	0,05 - 0,15

Tabelle-10: Chemische Zusammensetzung in % [AlSi5]

4.3.2 AlMg3 - Grundwerkstoff:

Der verwendete Grundwerkstoff AlMg3 hat als Hauptlegierungselement Magnesium und zählt zu den nichtaushärtbaren, oder auch naturharten Knetlegierungen. Die für die Versuche verwendeten Probebleche kamen mit definierter Oberfläche direkt aus der werksinternen Waschanlage und mussten deshalb vor der Schweißung nicht zusätzlich gereinigt werden. Die homogene Oxidschicht der Probebleche betrug etwa 10µm, als Voraussetzung für die nachstehenden Versuche.

Grundwerkstoff	Dehngrenze $R_{p0,2}$ [N/mm²]	Zugfestigkeit R_m [N/mm²]	Bruchdehnung A [%]
AlMg3	80	180	17

Tabelle-11: Mechanische Eigenschaften [AlMg3]

Grundwerkstoff	Cr	Cu	Fe	Mg	Mn	Si	Ti	Zn	Zusätze
AlMg3	0,05 - 0,25	bis 0,1	bis 0,4	bis 0,4	bis 0,5	2,5 - 3,5	bis 0,15	bis 0,25	0,05 - 0,15

Tabelle-12: Chemische Zusammensetzung in % [AlMg3]

4.3.3 Reinigungsprozess:

Alle bei BMW verschweißten Aluminiumbleche durchlaufen einen „Tauch-Flutprozess" in einer Reihenbehandlungsanlage, um von Befettung und Beölung, in Kombination mit thermischen Behandlungen aus Vorfertigungsprozessen, gereinigt zu werden. Zum Prozessablauf zählen Vorentfetten, Nachentfetten und dreimaliges Spülen mit Brauchwasser. Anschließend erfolgt die Passivierung der Aluminiumoberfläche mit Hilfe von Titanfluorwasserstoff und Schwefelsäure. Somit können für die Schweißtechnik gleich bleibende Voraussetzungen geschaffen werden um die Anforderungen hinsichtlich der

Schweißgüte zu gewährleisten. Danach erfolgt nochmaliges Spülen durch Tauchen bzw. Drehen und abschließendes Trocknen.

4.4 Schweißkonfigurationen:

4.4.1 Erläuterung:

Für eine intensive schweißtechnische Untersuchung der Einflüsse unterschiedlicher Massekabellängen auf den MIG-Schweißprozess, mussten geeignete bzw. sinnvolle Konfigurationen mit hardware- und softwareseitigen Änderungen an der Schweißstromquelle gefunden werden. Als Vorbereitung auf die Massekabellängenänderung, mussten zunächst optimale Schweißparameter für die Grundkonfigurationen mit 5m gezogenem Massekabel erstellt werden. Diese Grundkonfigurationen dienten später als Referenz. Eine erste Unterscheidung wurde dabei seitens der Regelung getroffen. Dazu standen jeweils zwei hardwareseitig unterschiedliche Hauptplatinen (Karte2 und Karte3) für die Schweißstromquelle CLOOS Quinto II zur Auswahl, welche sich bezüglich der U/I-Regelung unterschieden. Dagegen waren die Umschaltpunkte für die Impulsformerzeugung sowohl bei U/I als auch bei I/I bezüglich der Karte2 absolut und bei Karte3 relativ zum Grundstrom zu sehen. Eine genauere Erläuterung zu dieser Problematik erfolgt im Abschnitt 4.6.

Eine nächste Unterscheidung bezog sich auf die Signalerzeugung, welche einmal bei der Spannungsregelung (U/I) analog oder digital (mit A/D-Wandler) erfolgen konnte. Die I/I-Regelung verfügt nur über einen digitalen Stromregler. Jede mögliche Grundkonfiguration konnte entweder mit oder ohne Kurzschlussbehandlung gefahren werden. Am Ende der Schweißparameterfindung wurden alle möglichen Grundkonfigurationen einer Massekabellängenänderung unterzogen. Dies geschah in erster Linie mit festen bzw. unveränderten Prozessparametern. Charakteristische Konfigurationen wurden später einer Kompensation oder Prozessparameteroptimierung unterzogen, um das Schweißergebnisse, bei gleicher Massekabelkonfiguration, wenn möglich wieder zu verbessern (Abbildung-054 und Abbildung-055).

4.4.2 Übersicht:

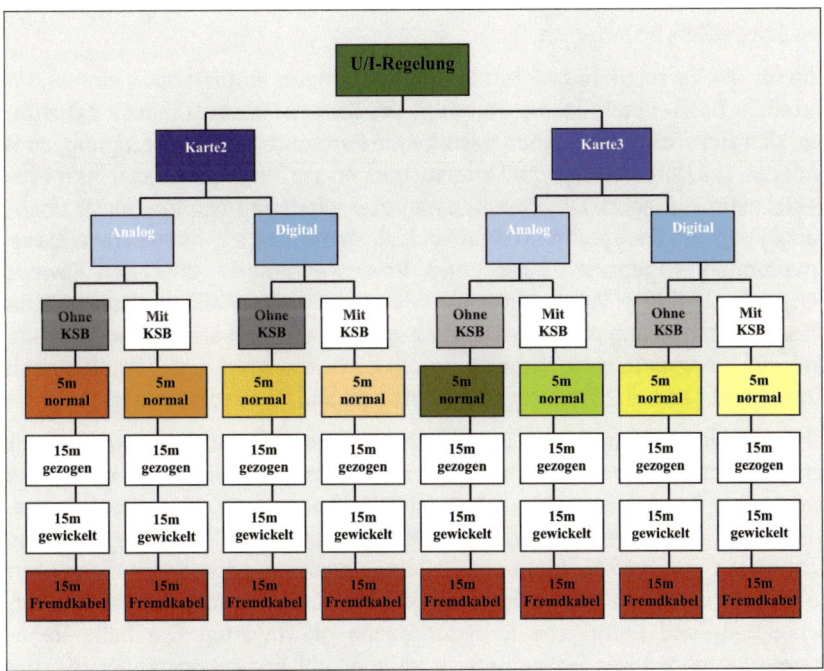

Abbildung-054: Schweißkonfigurationen U/I

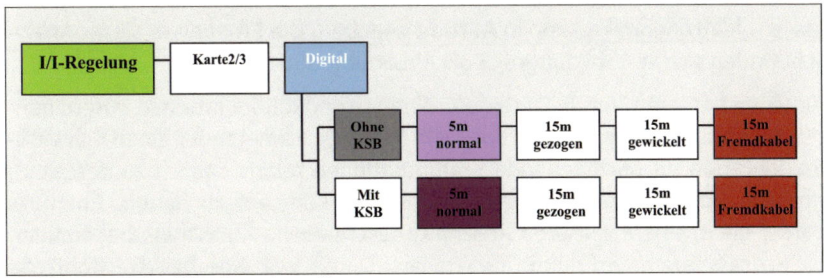

Abbildung-055: Schweißkonfigurationen I/I

4.5 Schweißparameter:

4.5.1 Erläuterung:

Die Erstellung bzw. Festlegung der Schweißparameter selber ist ein relativ sensibles Thema und erfordert immer an den Schweißprozess individuell angepasste Einstellungen. Lediglich mit Hilfe von Synergiekennlinien lassen sich später, bereits erstellte Parameter z.B. an ändernde Drahtvorschübe rechnergestützt anpassen. Zu Beginn jedoch ist viel Feingefühl und Erfahrung seitens des Schweißers erforderlich.

Alle für die Versuche relevanten Schweißparameter wurden noch einmal unterteilt in Basis- und Prozessparameter. Die Basisparameter (Tabelle-13) ergaben sich zum Teil durch bereits bestehende Parameter aus der Fertigung, zum anderen Teil durch die für die Untersuchungen zur Verfügung gestellten Probeblechabmessungen. Die Prozessparameter wiederum wurden relativ unabhängig von den Basisparametern individuell an die ausgewählten Schweißkonfigurationen angepasst. Basis- und Prozessparameter enthalten jeweils Leistungs- und Impulsparameter die wiederum Einfluss auf die Stromfläche und deren Verteilung nehmen. Daraus ergaben sich dann die Lichtbogenlänge und die Tropfenablösung (Abbildung-061). Im Abschnitt 4.5.4. erfolgt noch einmal eine genaue Erläuterung der Leistungs- und Impulsparameter.

Für optimalen Leistungs- und Impulsparameter der Grundkonfigurationen mit nur 5m Massekabel musste darauf geachtet werden, dass ein relativ kurzer und harter aber kurzschlussfreier und stabiler Lichtbogen erzielt werden konnte. Die lineare Schweißnaht bzw. Schweißraupe sollte eine feine, regelmäßige Schuppung mit breiter, homogener Reinigungszone ohne Schmauchspuren aufweisen. Dabei waren die Bewertungskriterien Schmauch, linearer Verlauf, Schuppung und homogene Reinigungszone gleichwertig. Die helle Reinigungszone neben der Schweißraupe gründet auf Erstarrungsstrukturen, die von oberflächlichen Anschmelzungen ausgelöst wurde. Zum besseren Verständnis dieser Problematik, wurden im Werk 2.4 Untersuchungen mit einem Raster-Elektronmikroskop in Auftrag gegeben. Die Ergebnisse dieser Analyse befinden sich in Abbildung-058 bis Abbildung-060.

Für einen besseren Vergleich der einzelnen Grundkonfigurationen untereinander, ergab sich das Bestreben, optimale Prozessparameter der einen Schweißkonfiguration für nachstehende Konfigurationen relativ ähnlich zu gestalten, um damit die Stromflächenverteilung relativ konstant zu halten. Ebenfalls wurde, die in einem späteren Abschnitt beschriebene Kurzschlussbehandlung zur Prozessparameterfindung deaktiviert. Damit war eine bessere Kontrolle der Prozessparameter möglich. Impulsformen wie auch Ströme und Spannungen mussten bezüglich der jeweiligen Regelung (U/I oder I/I) dem Schweißprozess angepasst werden. Somit entstanden kleine Abweichungen zwischen den Grundkonfigurationen.

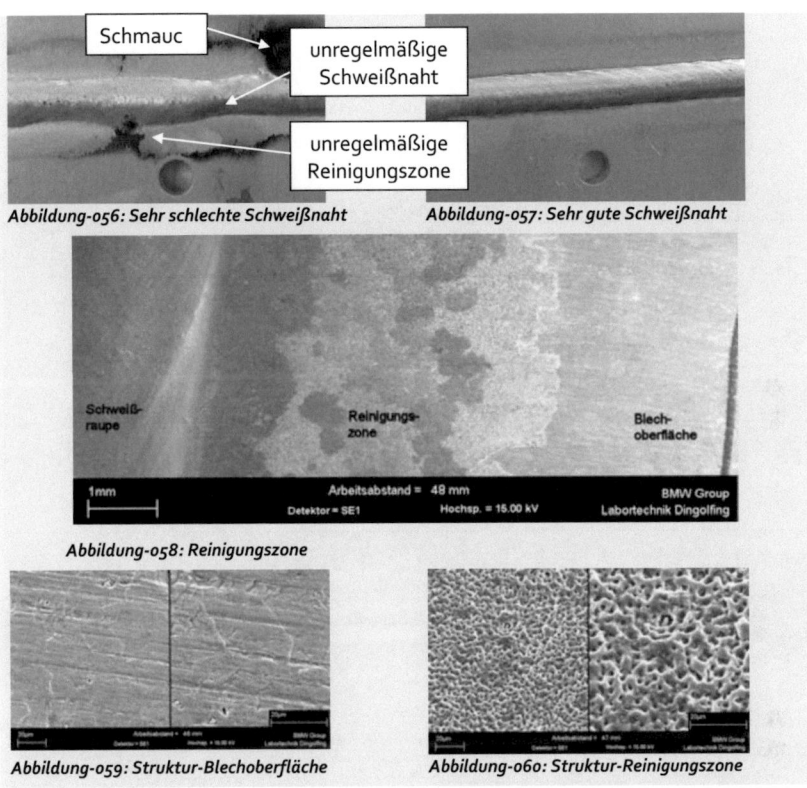

Abbildung-056: Sehr schlechte Schweißnaht   Abbildung-057: Sehr gute Schweißnaht

Abbildung-058: Reinigungszone

Abbildung-059: Struktur-Blechoberfläche   Abbildung-060: Struktur-Reinigungszone

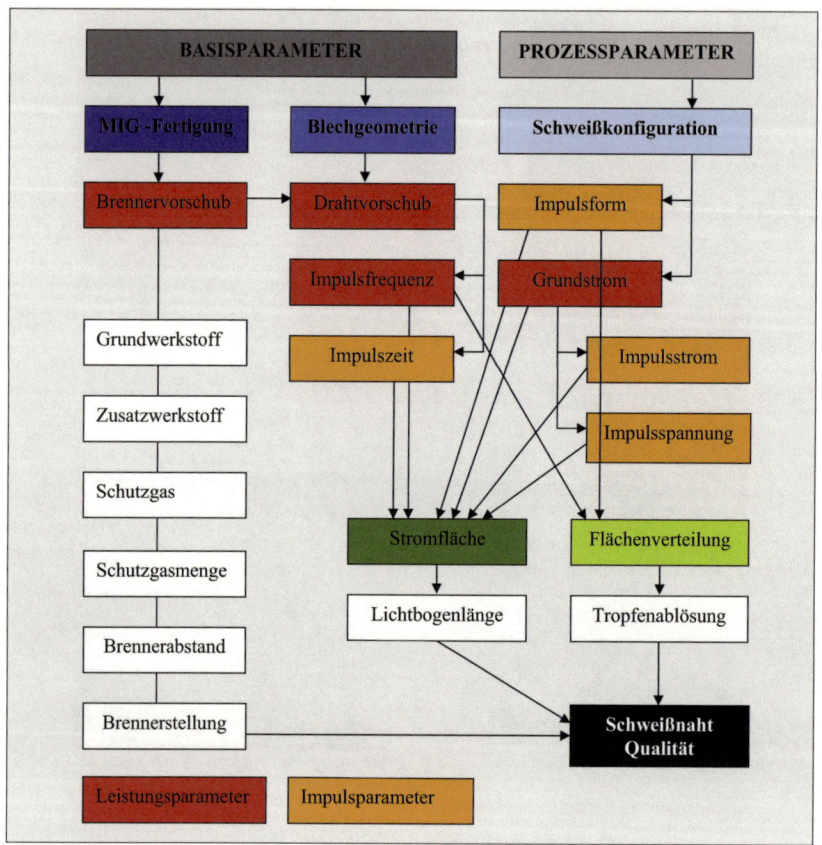

Abbildung-061: Schweißparameter

Schutzgas / -menge	Argon L1 DIN EN 439 / 13 L/min
Grundwerkstoff	AlMg3 - [Abmaße = 100 x 60 x 3,5 mm]
Elektrodenwerkstoff	AlSi5 - [Durchmesser = 1,6 mm]
Brennerabstand	13 mm
Geschweißte Naht	Auftragsnaht
Brennerstellung	15° stechend längs zur Naht / 0° quer zur Naht
Brenner- & Drahtvorschub	$v_B = 80$cm/min & $v_D = 3{,}0$m/min
Impulsfrequenz & -zeit	$f_P = 120$Hz & $t_P = 1{,}85$ms / $T = 8{,}3$ms

Tabelle-13: Basisparameter

4.5.2 Drahtvorschub:

Die für die Untersuchungen bereitgestellten Probebleche mit den Abmaßen 100 x 60 x 3,5 mm (Abbildung-062), ermöglichen einen nur sehr kleinen Leistungsbereich von 3m/min Drahtvorschub. Größere Leistungsbereiche würden bei diesen Blechabmessungen zu durchhängenden Schweißnähten mit Unterwölbung führen. Bei sehr hoher Wärmeeinbringung könnte im Extremfall das Schweißgut nicht mehr vom Probeblech gehalten werden und durchfallen (Abbildung-063). In der Fertigung dagegen werden Leistungsbereiche von 6-7m/min Drahtvorschub gefahren. Dies ist auch notwendig um die relativ großen Bauteile mit Wandstärken bis 5mm für Vorder- und Hinterachsträger zusammenzufügen. Größere Bauteile sorgen für einen besseren Wärmetransport und benötigen daher mehr Wärmeeinbringung in den Grundwerkstoff. Brennervorschub und Schutzgasmenge waren dagegen identisch mit den Werten aus der Fertigung, da sie relativ unabhängig vom Drahtvorschub arbeiten.

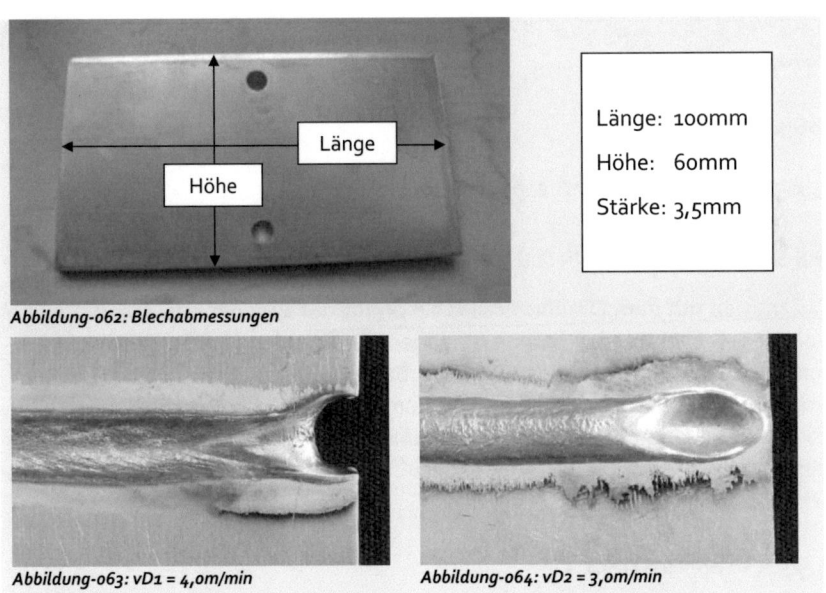

Abbildung-062: Blechabmessungen

Länge: 100mm
Höhe: 60mm
Stärke: 3,5mm

Abbildung-063: vD1 = 4,0m/min

Abbildung-064: vD2 = 3,0m/min

4.5.3 Gasvorströmzeit:

Eine weitere vorgenommene Änderung zur Annäherung fertigungsähnlicher Zustände für die Versuchsschweißnähte, war die Gasvorströmzeit. In der Fertigung sind die Schweißanlagen im Dauereinsatz, d.h. der Schutzgasstrom reißt nur selten und dann auch nur für einige Sekunden ab. Bei den Schweißversuchen dagegen kam es aufgrund von Messungen und Konfigurationsänderungen, zu längeren Wartezeiten am Brenner, bevor die nächste Schweißnaht gefahren werden konnte. Dies ist nachteilig für nachstehende Schweißnähte, da Sauerstoff aus der Umgebung zurück in die Gasdüse strömt und bei Neuzündung des Lichtbogens den Schutzgasmantel verunreinigt. Das Ergebnis ist dann eine schlechte Reinigungszone mit Schmauchspuren. Somit wurde die Gasvorströmzeit des Schutzgases zwischen Anschalten der Anlage und Zündung des Lichtbogens auf 9s erhöht. Wie bereits erläutert, arbeiteten Stromquelle und Brennersteuerung relativ unabhängig voneinander. Deshalb musste zur Erhöhung der Gasvorströmzeit stromquellenseitig die Zündung und steuerseitig der Brennervorschub auf 9s verzögert werden.

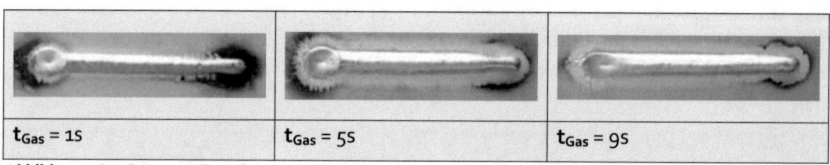

| $t_{Gas} = 1s$ | $t_{Gas} = 5s$ | $t_{Gas} = 9s$ |

Abbildung-065: Gasvorströmzeit

4.5.4

4.5.5 Leistungs- und Impulsparameter:

4.5.5.1 Brennervorschub [v_B]

Zusammen mit dem Drahtvorschub bestimmt der Brennervorschub das Nahtvolumen. Dabei werden jedoch die Eigenschaften des Lichtbogens nicht verändert. Ein geringer Brennervorschub bewirkt immer eine hohe Wärmeeinbringung in das Bauteil, gefolgt von einem tiefen Einbrand. Im Extremfall kann es zu einem vorlaufenden Schmelzbad und zum Durchfallen des Schweißgutes kommen. Prozesssichere Brennervorschübe bewegen sich zwischen 40 bis 150 cm/min.

4.5.5.2 Drahtvorschub [v_D]

Der Drahtvorschub beeinflusst wesentlich die Abschmelzleistung. Je nach dem wie die Stromstärke an dem Drahtvorschub angepasst wurde, brennt zwischen der Drahtelektrode und der Werkstück ein kurzer bzw. langer Lichtbogen.

4.5.5.3 Impulsfrequenz [f_P]

Die Impulsfrequenz beschreibt die Anzahl der Impulse pro Sekunde und steht im direkten Verhältnis zum Drahtvorschub. Mit Hilfe der Impulsfrequenz lässt sich die Tropfengröße bestimmen. Bei einer geringen Frequenz und einem relativ hohen Drahtvorschub entsteht ein großer Tropfen. Zu hohe Frequenzen dagegen machen eine kontrollierte Tropfenablösung aufgrund des sehr kleinen Tropfens fast unmöglich. Je höher der Drahtvorschub oder der Drahtdurchmesser, desto höher muss auch die Impulsfrequenz eingestellt werden, um ein Abschmelzen des geförderten Drahtes zu gewährleisten. Heutige Anwendungen werden im Bereich von 60 bis 200 Hz gefahren.

4.5.5.4 Grundstromphase [I_G & U_G]

In der Grundstromphase sollte der Strom so gewählt werden, dass der Lichtbogen stabil brennt und gleichzeitig das Bauteil reinigt und das Drahtende für die bevorstehende Tropfenablösung vorwärmt, ohne aber dabei einen Tropfen abzulösen. Der Grundstrom als Leistungsparameter, muss bei der Parameterfindung auf den Impulsstrom abgestimmt werden. Zu niedrig gewählte Grundströme erfordern große Impulsströme, gefolgt von einem sehr kurzen Lichtbogen. Bei zu hoch gewählten Grundströmen steigt auch die Strömfläche gemeinsam mit der Lichtbogenlänge. Sowohl bei der U/I-Regelung als auch bei der I/I-Regelung, orientiert sich die Grundspannung am fest eingestellten Grundstrom.

4.5.5.5 Impulsstromphase [I_P & U_P]

Erst während der Impulsstromphase sollte der Strom angehoben werden um die Tropfenablösung einzuleiten. Am Ende der Impulsphase sollte dann genau ein kegelförmiger Tropfen pro Impuls kurzschlussfrei abgelöst werden. Ebenfalls erfordert dies eine genaue Abstimmung wiederum mit dem Grundstrom. Grundstrom und Impulsstrom ergeben zusammen mit der Impulszeit die lichtbogenlängenentscheidende Stromfläche. Bei U/I wird die Impulsspannung fest eingestellt und der Impulsstrom stellt sich dann über den Lichtbogenwiderstand selbst ein. Bei I/I verhält sich der Sachverhalt genau anders herum.

4.5.5.6 Impulszeit [t_P]

Die Impulszeit beschreibt die Dauer der Impulsstromphase. Nicht richtig gewählte Impulszeiten können die Tropfenablösung teilweise zu früh bzw. zu spät ablaufen lassen aufgrund der sich ändernden Lichtbogenlänge. Bei sehr langen Wirkzeiten gehen mehrere Tropfen je Impuls über. Dabei baut sich vorübergehend ein Sprühlichtbogen auf. Typische Anwendungen im Fahrwerksbereich, arbeiten heutzutage mit Impulszeiten von 1,5 bis 2,5 ms, abhängig vom Stromquellenfabrikant.

4.5.6 Stromfläche und Lichtbogenlänge:

Wie eben erläutert wird die Stromfläche durch Grundstrom, Impulsstrom und der Impulszeit bestimmt. Eine geringe Stromfläche steht immer im Zusammenhang mit einem kurzen Lichtbogen, aufgrund der geringeren Leistung. Die Tropfenablösung wird dann zu früh eingeleitet. Ein zu früher Tropfen verkocht während der Flugphase und verursacht Spritzer und es entstehen zwar relativ glatte Schweißnähte aber mit sehr schmaler Reinigungszone. Bei mehr Stromfläche wird auch automatisch der Lichtbogen länger. Durch die höhere Leistung wird jedoch die Tropfenablösung etwas später eingeleitet. Ein zu später, kalter Tropfenübergang dagegen verringert ebenfalls die Qualität des Werkstoffüberganges. Weitere Erscheinungen sind dann raue flache aber breite Schweißnähte mit breiter Reinigungszone auf der Werkstückoberfläche.

4.6 Impulsform:

4.6.1 Erläuterung:

Die Geometrie der Impulsform wird durch eine Vielzahl von Einstellungen beeinflusst. Allgemein kann man Unterscheidungen in analoge und digitale Impulsformen treffen. Die eigentliche Impulsstromphase, wird dann noch einmal von der jeweiligen Regelung beeinflusst. Beim MIG-Schweißen mit gepulstem Lichtbogen in Zusammenhang mit der Schweißstromquelle Quinto II der Firma CLOOS, können für die Verfahren MIG Puls U/I analoge als auch digitale Signale erzeugt werden. Für die I/I-Regelung ist generell nur eine digitale Signalerzeugung vorgesehen.

Weiterhin besteht noch zusätzlich die Möglichkeit, auf die positiven und negativen Impulsanstiege sowie die Umschaltpunkte Einfluss zu nehmen. Dies geschieht über Veränderung einer separaten Datei zur Impulsformerzeugung auf der Stromquelle, in Abhängigkeit der verwendeten Lichtbogenlängenregelung (U/I- und I/I-Regelung). Diese Unterscheidung ist wichtig, da beide Regelungen, wie schon genannt unterschiedlich aufgebaut sind und unterschiedlich regeln, speziell während der Impulsstromphase.

Bei der U/I-Regelung (Abbildung-066) wird der Impuls durch eine steigende (S) und drei fallende Flanken (F1-F3) erzeugt. Impulsformen der I/I-Regelung (Abbildung-067) bestehen aus zwei steigenden (S1, S2) und drei fallenden Flanken (F1-F3). Zwischen zwei aufeinander folgenden Flanken befindet sich immer ein

Umschaltpunkt. Deswegen besitzt die letztere Regelung zur Impulsformerzeugung auch drei Umschaltpunkte (Um1-Um3). Die im späteren Abschnitt 4.8.2 beschriebene Kurzschlussbehandlung, kann bei Aktivierung im Kurzschlussfall zur Kurzschlussauflösung ebenfalls Einfluss auf die fallenden Flanken nehmen. Dadurch kommt es relativ unabhängig von der zuvor eingestellten Impulsform zu erneuten Änderungen der Geometrie und der damit verbundenen Stromfläche.

Im Gegensatz zu Karte3 werden bei Karte2 die Umschaltpunkte durch Absolutwerte, unabhängig vom Grundstrom eingestellt. Eine Erhöhung des Grundstromes könnte somit eingestellte Umschaltpunkte verschlucken. Dies hätte zur Folge, dass gewählte Einstellungen der Impulsgeometrie nicht zur Wirkungen kommen. Deswegen muss eine Änderung der Impulsform bei Karte2 genau durchdacht und überlegt sein, um Fehler bei der Impulsformerzeugung zu vermeiden. Diese zusätzliche Einstellung zur Variation der Impulsflanken und Umschaltpunkte, ermöglicht eine Verbesserung der Tropfenablösung durch Änderung der Stromflächenverteilung während der Prozessparameterfindung. Durch manuelle Veränderung der Impulsflanken, kann eine relativ gleiche Stromfläche bei gleichen Parametern für verschiedene Konfiguration erzielt werden. Man sollte aber beachten, dass die Impulsformen, speziell flache oder sehr steile Anstiege in den Impulsstrom, bzw. Abfälle in den Grundstrom, einen erheblichen Einfluss auf den jeweiligen Arbeitspunkt haben.

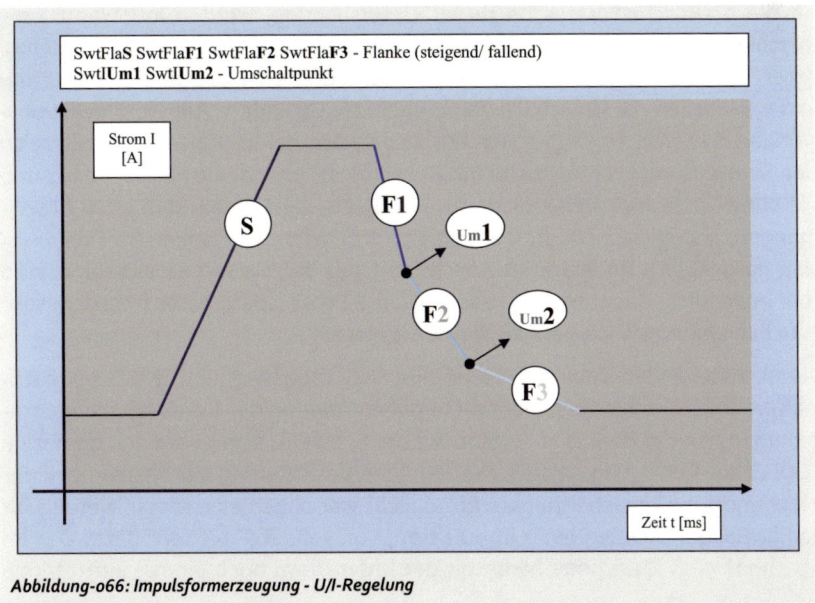

Abbildung-066: Impulsformerzeugung - U/I-Regelung

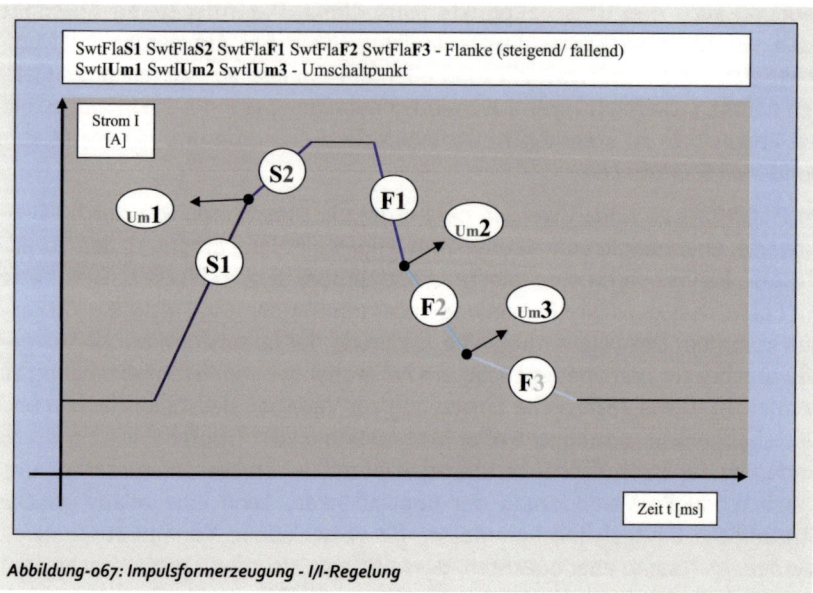

Abbildung-067: Impulsformerzeugung - I/I-Regelung

4.6.2 Einstellungen:

Für die praktischen Versuche dieser Untersuchung, wurden insgesamt zwei verschiedene Impulsformen festgelegt, angepasst an die jeweilige Regelung. Unter Berücksichtigung der zwei unterschiedlichen Hauptplatinen (Karte2/ Karte3), wurden die Umschaltpunkte ebenfalls verändert. Aus Konfigurationsgründen hat sich, trotz gleicher Wirkungsweise beider Karten im I/I-Bereich eine Schweißung aller Versuche mit Kurzschlussbehandlung für die Karte2 und alle ohne Kurzschlussbehandlung für Karte3 ergeben. Dabei kam es zu Abweichungen, bezüglich einer steigenden und drei fallenden Flanken (in Tabelle-15 blau dargestellt). Im späteren Abschnitt 5.3.1. der Versuchsauswertung wird aber ersichtlich, dass durch anders gewählte Prozessparameter trotzdem sehr gute Schweißergebnisse erzielt werden konnten.

Die nachstehenden Tabellen (Tabelle-14 und Tabelle-15) enthalten standardmäßige Beispiele für verschiedene Impulsformen beider Lichtbogenlängenregelungen, welche bereits zu Beginn auf der Schweißstromquelle von der Firma CLOOS zur Verfügung gestellt wurden. Eine Veränderung der Flanken und der dazugehörigen Umschaltpunkte ermöglicht vier allgemeine Klassifizierung für den jeweiligen Anstieg einer Impulsform, von sehr steil bis sehr flach. Der im Abschnitt 5. in Zusammenhang mit der Impulsform noch einmal auftretende

Begriff „flach" bezieht sich dann aber nicht mehr auf den Anstieg sondern auf die eigentliche Höhe der Impulsform.

Weiterhin befinden sich in den Tabellen die für die Versuche erstellten Impulsformen, beider Karten. Dabei wurde die zu Beginn eingestellte Impulsform der Karte2 (K2-UINEU6 und K2-SPEZ4) an die Karte3 (K2-UINEU6A und K2-SPEZ4A) angepasst (bei Grundströmen von $I_{GU/I}$ = 75 und $I_{GI/I}$ = 70A).

U/I-Regelung	Swt Fla S	Swt Fla F1	Swt Fla F2	Swt Fla F3	Swt I Um1	Swt I Um2
sehr steil	1000	600	600	40	200	100
steil	800	600	600	40	200	100
flach	450	600	100	20	180	100
sehr flach	450	400	250	100	180	80
K2 - UINEU6	300	600	300	120	180	100
K3 - UINEU6A	300	600	300	120	105	25

Tabelle-14: Impulsformen - U/I-Regelung

I/I-Regelung	Swt Fla S1	Swt Fla S2	Swt Fla F1	Swt Fla F2	Swt Fla F3	Swt I Um1	Swt I Um2	Swt I Um3
sehr steil	1000	150	600	600	50	60	100	80
steil	800	150	500	500	50	60	100	100
flach	600	150	600	600	50	60	100	80
sehr flach	400	150	400	50	50	60	150	60
K2 - SPEZ4	600	**150**	**600**	400	**100**	110	260	220
K3 - SPEZ4A	600	120	400	150	50	40	190	150

Tabelle-15: Impulsformen - I/I-Regelung

In Abbildung-069 und Abbildung-070 ist bezüglich der U/I-Regelung die verwendete Impulsform (weiß dargestellt) zu den vier allgemeinen Klassifizierungen für analog und digital hinzugefügt wurden. Somit ist gut zu erkennen, dass der für die praktischen Untersuchungen gewählte Impulsformanstieg der U/I-Regelung relativ flach ausfiel.

Mit Hilfe der Abbildung-068 soll der prinzipielle Aufbau aller nachfolgenden Diagramme mit aufgezeichneten Momentanwerten von Schweißstrom und -spannung kurz erläutert werden. Alle aufgezeichneten Ströme, zur Repräsentation der Impulsform sind rötlich dargestellt. In abstufenden Blautönen befinden sich darunter die dazugehörigen Spannungsverläufe der jeweiligen Impulsform. Jede Stromkurve besitzt immer genau eine Spannungskurve. Eine Legende in jedem Diagramm erläutert farbig die jeweilige Zugehörigkeit. Wegen den Dimensionsunterschieden zwischen Spannungen und Strömen, orientieren sich alle Spannungen an der rechten Ordinate, alle Ströme dagegen an der linken Ordinate. Der Spannungsverlauf signalisiert mit dem Spannungspiek die Tropfenablösung (Abschnitt 4.5.5.).

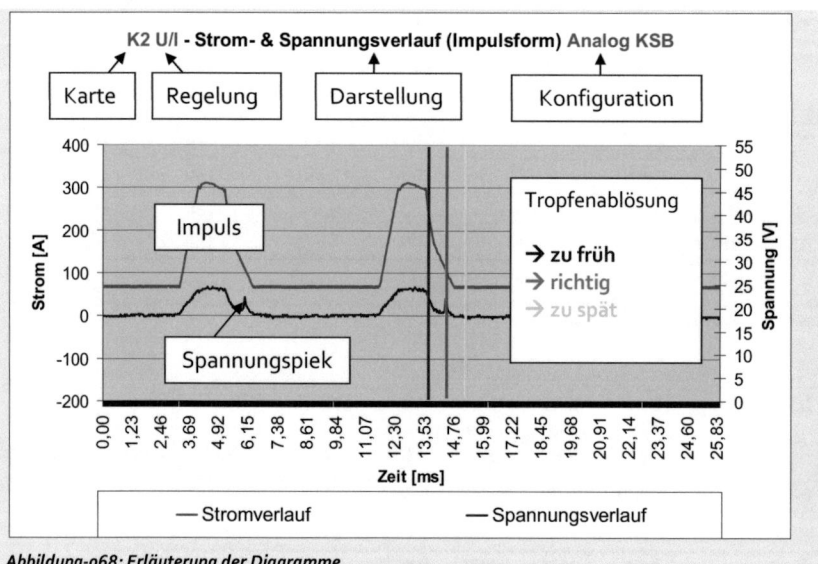

Abbildung-068: Erläuterung der Diagramme

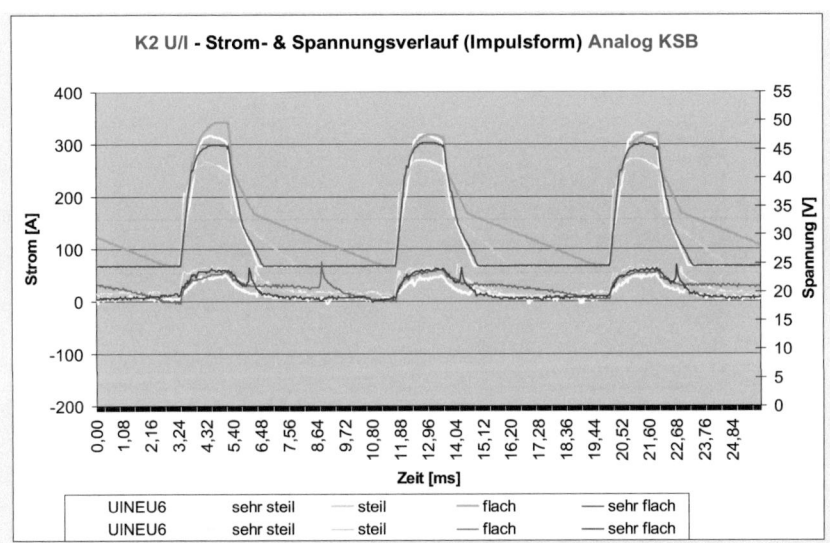

Abbildung-069: Impulsformen - U/I Analog KSB

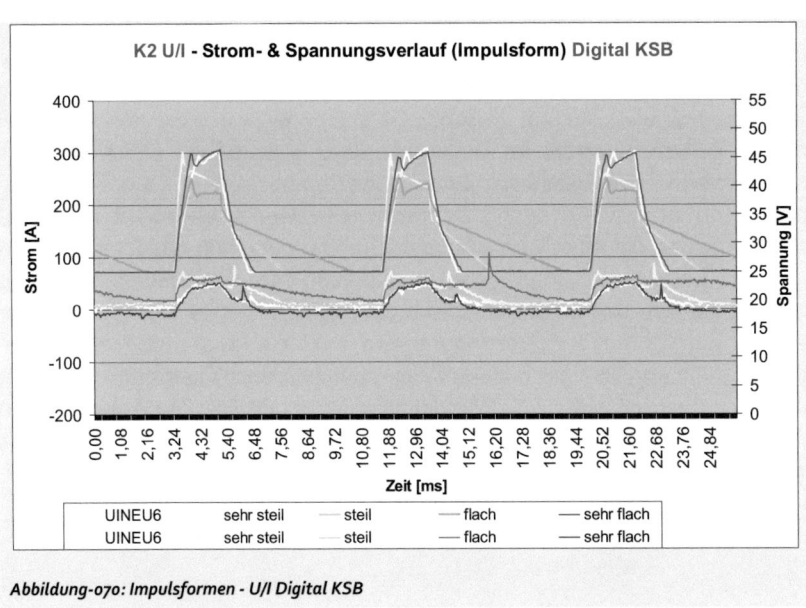

Abbildung-070: Impulsformen - U/I Digital KSB

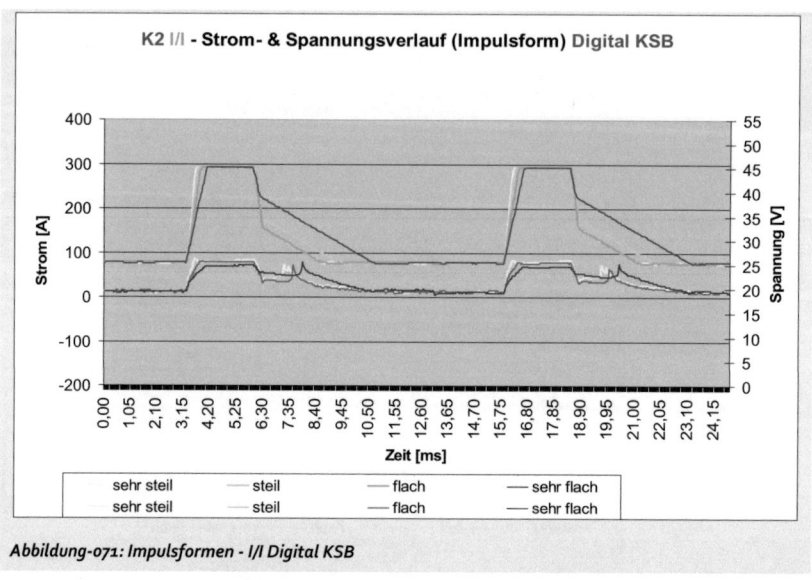

Abbildung-071: Impulsformen - I/I Digital KSB

4.6.3 Analoge und Digitale Signale:

Der aus der Nachrichtentechnik kommende Begriff „analog", wird als zeit- und amplitudenkontinuierlich definiert. Somit ermöglicht ein analoges Signal immer wertkontinuierliche und fließende Darstellungen von Messgrößen mit beliebigen Zwischenwerten. Im Gegensatz dazu beschreiben digitale Signale immer eine endliche Anzahl von Zwischenwerten mit zeit- und amplitudendiskreter Informationsübertragung. Der lateinische Begriff Diskretheit beschreibt im Allgemeinen die räumliche oder zeitliche Trennung von Objekten oder Ereignissen. Bei einer Analog/Digital-Umwandlung wird das stufenlose analoge Signal in ein zeit- und amplitudendiskretes digital codiertes Signal umgewandelt. Der Algorithmus zur Übertragung wird durch ein Programm realisiert. Digitale Signale sind weniger fehleranfällig, können jedoch Quantisierungsfehler oder -rauschen bei einer A/D-Wandlung verursachen [9]. Die Auswirkungen der unterschiedlichen Signale auf die praktischen Untersuchungen für diese Untersuchung, werden im Abschnitt 5 näher betrachtet und Vor- und Nachteile für den MIG-Schweißprozess diskutiert.

4.7 Lichtbogenlängenregelung:

4.7.1 Erläuterung:

Für eine saubere und homogene Naht beim MIG-Schweißen mit gepulsten Lichtbogen, muss die Lichtbogenlänge unbedingt konstant gehalten werden. Jedoch können Unregelmäßigkeiten und Verschmutzung auf der Werkstückoberfläche beim Tropfenübergang Änderungen in der Lichtbogenlänge verursachen. Zur Kompensation dieser Störungen wurden dafür grundsätzlich für den MIG-Schweißprozess zwei Regelungsverfahren entwickelt. Die U/I-Regelung als „innere Regelung" und die I/I-Regelung als „äußere Regelung". Wie schon erwähnt, besitzt der gepulste Lichtbogen eine Grundstrom- und eine Impulsstromphase. Beide Regelungen arbeiten während der Grundstromphase stromgeregelt mit konstanter Stromkennlinie. Die zum Grundstrom dazugehörige Grundspannung ergibt sich jeweils nach dem Ohmschen Gesetz.

4.7.2 Regelung:

Der Begriff Regelung wird in DIN 19226 genau definiert. Demnach besitzt eine Regelung einen physisch getrennten Sensor, der fortlaufend den Istwert einer Regelgröße X erfasst. Dieser erfasste Wert wird dann mit dem Sollwert einer Führungsgröße W verglichen und im Falle einer Regelabweichung E der Führungsgröße wieder angeglichen. Der Regler bestimmt dabei eine Stellgröße Y in Abhängigkeit von Ist- und Sollwert um die Stabilität wieder herzustellen. Das Angleichen vollzieht sich in einem geschlossenen Regelkreis mit negativer Rückkopplung, da der Istwert der Regelgröße wieder in das System zurückfließt und sich damit selbst beeinflusst. Bei einer Steuerung fehlen dagegen die fortlaufende Rückkopplung und deren Bearbeitung. Deshalb wird auch im Englischen, Regelung als geschlossene Schleifenkontrolle („closed loop control") und Steuerung mit offener Schleifenkontrolle („open loop control") definiert. Die beim Regeln zurückgelegte Strecke wird auch Regelstrecke bezeichnet. Ein System kann aber nur regeln, wenn eine Störgröße Z den Istwert der Regelgröße vom Sollwert beeinflusst und ändert [9].

4.7.3 U/I-Regelung:

(innere Regelung)

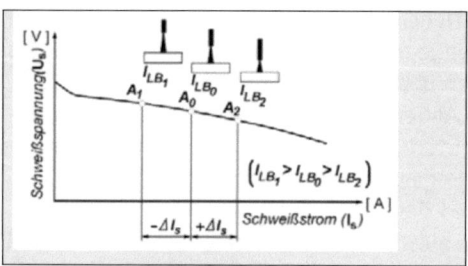

Abbildung-072: ΔI-Regelung [10]

Schweißstromquellen mit dieser Regelungsart ermöglichen das Einstellen eines Grundstromes [I_G] und einer Impulsspannung [U_P]. Das heißt, in der Grundstromphase wird der Schweißstrom konstant gehalten und in der Impulsphase die Spannung. Dabei ergeben sich Grundspannung und Impulsstrom nach dem Ohmschen Gesetz (R = U/I). Dabei stellt R den Lichtbogenwiderstand zwischen Elektrode und Werkstück dar. Da sich die Spannung proportional zur Lichtbogenlänge verhält, besitzt ein langer Lichtbogen immer einen kleineren Strom aber einen größeren Widerstand im Gegensatz zum kurzen Lichtbogen. Somit regelt sich diese Regelungsart selber von Innen, ohne äußere Änderung der Schweißparameter. Voraussetzung für diesen Selbstregelungseffekt der Lichtbogenlänge sind Schweißstromquellen mit konstanter Spannungskennlinie und einem konstanten Drahtvorschub [10].

In Abbildung-072 wird das Prinzip der U/I-Regelung kurz veranschaulicht. Eine Lichtbogenlängenänderung I_{LB1} führt zu einer Arbeitspunktverschiebung nach A_1 mit einer Schweißstromverminderung -ΔI_s, die zu einer Verkleinerung der Abschmelzmenge führt. Dadurch stellt sich wieder eine verkürzte Lichtbogenlänge ein. Bei einer Lichtbogenverkürzung auf I_{LB2} tritt eine Schweißstromerhöhung um +ΔI_s in Verbindung mit einer vergrößerten Abschmelzmenge auf. Danach stellt sich die Ausgangslichtbogenlänge I_{LBo} wieder ein [10].

4.7.4 I/I-Regelung:

(äußere Regelung)

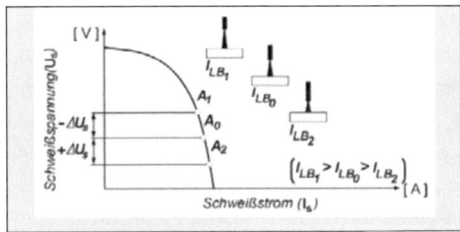

Abbildung-073: ΔU-Regelung [10]

Bei dieser Regelung kann sowohl in der Grundstromphase der Grundstrom I_G als auch in der Impulsphase der Impulsstrom I_P manuell eingestellt werden. Wird der Lichtbogen verlängert, wie es zum Beispiel beim Überschweißen einer Stufe vorkommen kann, so vergrößert sich die Spannung wegen des höheren Widerstandes bei gleichem Strom. Um eine Verlängerung zu erreichen, muss diese Regelung aktiv Schweißparameter, wie z.B. den Drahtvorschub, Impulsfrequenz oder Impulszeit erhöhen. Wird der Lichtbogen kürzer, verhält sich der Vorgang umgekehrt [10].

Das folgende Beispiel (Abbildung-073) soll die Regelungscharakteristik einer Stromquelle zeigen, die in Abhängigkeit der momentanen Lichtbogenspannung U_S den Drahtvorschub ändert. Tritt eine Änderung der Lichtbogenlänge I_{LBo} im eingestellten Arbeitspunkt A_o auf, so ergeben sich durch den steil fallenden Verlauf der Belastungskennlinie der Schweißstromquelle Spannungsänderungen ΔU_S, die im Drahtvorschub Änderungen bewirken. Eine Verlängerung des Lichtbogens verursacht eine Verschiebung des Arbeitspunktes zum Punkt A_1, die mit einer Spannungserhöhung um $+\Delta U_S$ und einem größeren Drahtvorschub begleitet wird. Bei einer Verkürzung des Lichtbogens wird der Arbeitspunkt nach A_2 verlagert, wobei die Spannung und der Drahtvorschub vermindert und der Schweißstrom minimal vergrößert wird. Nach kurzer Zeit stellt sich die ursprüngliche Lichtbogenlänge I_{LBo} in Abhängigkeit der Neigung der Belastungskennlinie der Stromquelle wieder ein [10].

4.8 Prozessregler:

4.8.1 RPA-Datei:

Auf der Steuerungs-Platine der Schweißstromquelle Quinto II (Abbildung-074) befindet sich eine CompactFlash-Karte, welche Einstellungen für verschiedene

Schweißprozesse speichert. Dazu gehören vom Schweißer erstellte Listeneinstellungen mit Leistungs- und Impulsparametern und dazugehörige Synergiekennlinien für verschiedene Drahtvorschübe. Aber auch Reglerparameter für die jeweilige Impulsform und Regler für den Zündvorgang, den eigentlichen Schweißprozess, den Freibrand und dem Drahtantrieb sind darauf gesichert. Alle Regler sind in einer RPA-Datei zusammengefasst (Anhang Tabelle-38/39). Da für die relevanten Versuche lediglich der Schweißprozess ohne Anfangskrater und Endkrater untersucht wurde, wird in den nachstehenden Abschnitten nur auf die Prozessregler eingegangen. Dazu gehören zwei einfache Regler. Für die U/I-Regelung begrenzt der Regler **GwtIPulsMax** den maximalen Impulsstrom. Der zweite Grenzwert **GwtIMax** bestimmt den maximaler Gesamtstrom ($I_G + I_P$). Letzterer Regler gilt für U/I- und I/I-Regelung. Zwei weitere Regler sind einmal für die Auflösung von Kurzschlüssen verantwortlich und für die Überwachung und Steuerung der Verrundung am Ende der Impulsform, beim Übergang vom Impulsstrom auf Grundstromniveau. Beide Regler nehmen nur direkt Einfluss auf I_G um indirekt den Impulsstrom zu manipulieren.

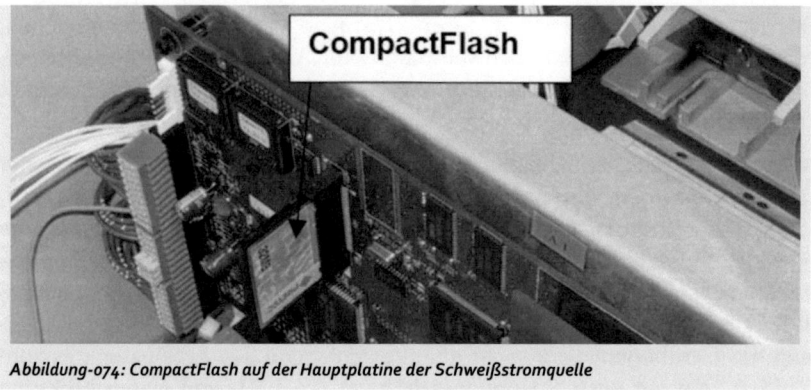

Abbildung-074: CompactFlash auf der Hauptplatine der Schweißstromquelle

4.8.2 Kurzschlussbehandlung:

4.8.2.1 Erläuterung

Wie schon erwähnt ist es beim MIG-Schweißen mit gepulsten Lichtbogen erstrebenswert, pro Impuls genau einen Tropfen kurzschlussfrei abzulösen. Jedoch kann aufgrund von Trägheiten der zuvor erläuterten Lichtbogenlängenregelungen, bezogen auf lange Massekabel der Lichtbogen so kurz werden, dass beim Ablösen des Tropfens eine Verbindung zwischen Drahtelektrode und Werkstück entsteht. In solchen Fällen spricht man vom Kurzschluss. Der Kurzschluss wird als widerstandslose Verbindung zweier Potentiale definiert, wobei die Spannung gegen null geht und der Strom seinen Maximalwert erreicht. Viele Kurzschlüsse verursachen Spritzer und Instabilitäten im Lichtbogen und reduzieren die Schweißnahtqualität. Die für die Versuche verwendete Schweißstromquelle Quinto II der Firma CLOOS, verfügt über eine separate Kurzschlussbehandlung. Diese Regelung überwacht den Schweißprozess und versucht bevorstehende Kurzschlüsse frühzeitig zu erkennen und möglichst störungsfrei aufzulösen. Die Kurzschlussbehandlung arbeitet unabhängig von der jeweilig eingestellten Lichtbogenlängenregelung (U/I- oder I/I-Regelung). In der praktischen Umsetzung dieser Regelung bei BMW, sind aber auch Erfahrungen gemacht wurden, wobei die Kurzschlussbehandlung selber aufgrund des Regelverhaltens Instabilität im Lichtbogen erzeugte. Zur Auflösung eines Kurzschlusses oder zur Verhinderung von bevorstehenden Kurzschlüssen, regelt die Kurzschlussbehandlung mit Stromanstiegen dem Kurzschluss entgegen, was aber wiederum der Einstellstrategie und dem kurzen Impulslichtbogen entgegenwirkt. Auch die daraus resultierenden Impulsformänderungen und Impulsstromschwankungen können in manchen Fällen als nachteilig angesehen werden. Deswegen war für diese Untersuchung ebenfalls wichtig, den Einfluss der Kurzschlussbehandlung auf den MIG-Schweißprozess bei ändernden Massekabelkonfigurationen zu untersuchen. Dabei war speziell interessant, der Vergleich von kurzschlussbehafteten Schweißnähten ohne Kurzschlussbehandlung im Vergleich zur Qualität von kurzschlussfreien Schweißnähten bei zugeschalteter Kurzschlussbehandlung.

4.8.2.2 Wirkungsprinzip

Das Prinzip der Kurzschlussbehandlung (KSB) soll an Hand von Beispielwerte (Tabelle-16), in Anlehnung an die praktischen Untersuchungen erläutert werden. Die eigentliche Behandlung erfolgt durch den Regler **SwtUKurz** der feststellt, ob die Spannung unter dem festgelegten Kurzschlusswert von z.B. 8V liegt. Zusätzlich gilt, dass die Spannung eine definierte Mindestzeit unterhalb dieser Schwelle liegen muss. Diese Mindestzeit wird mit **ParHystKurzT** (z.B. 10ms) in der RPA-Datei eingestellt. Damit ist es möglich, Reaktionen auf zeitlich kurze Kurzschlüsse zu unterdrücken. Die Wirkung des Reglers ist prinzipiell ein Stromanstieg, der durch eine e-Funktion bestimmt wird, deren Zeitkonstante durch **ParTauKurzS** definiert ist. Wenn **ParTauKurzS** klein bleibt, steigt der Strom im Kurzschlussfall sehr schnell an und umgekehrt. Der Strom steigt so lange, bis der Kurzschluss aufgelöst, oder die Aussteuergrenze **GwtRegKurz** erreicht ist. **GwtRegKurz** gibt an, wie viel Strom maximal auf den Grundstrom addiert werden kann. Ist der Kurzschluss aufgelöst, dass heißt **SwtUKurz** und **ParHystKurz** wurden überschritten, wird der Strom in einer e-Funktion mit **ParTauKurzF** wieder auf Grundstromniveau abgesenkt. Auch hierbei sorgen große Werte für langsame Abfälle des Stromes nach Kurzschlussauflösung.

Prozessregler	Erläuterung
SwtUKurz	Sollwert/ Führungsgröße, muss unterschritten werden [8V]
ParHystKurzT	Dauer der Unterschreitung vom Sollwert [10ms]
GwtRegKurz	maximaler Wert der zum Grundstrom addiert werden kann gegen Kurzschluss [800A]
ParTauKurzS	Zeitkonstante für Stromanstieg (steigende E-Funktion) zur KS-Auflösung (langsamer Anstieg) [100ms]
ParHystKurz	Sollwert/ Führungsgröße muss überschritten werden [10V]
ParTauKurzF	Zeitkonstante für Stromabfall (fallende E-Funktion) nach KS-Auflösung (rascher Abfall) [1ms]

Tabelle-16: Prozessregler - Kurzschlussbehandlung

4.8.2.3 Deaktivierung

Zur Deaktivierung der Kurzschlussbehandlung wurde einfach in der RPA-Datei der verantwortliche Regler **GwtRegKurz** auf „Eins" gesetzt. Somit wurde zwar die Kurzschlusserkennung selber nicht deaktiviert, jedoch ihre Auflösung durch Addition eines Stromwertes zum Grundstrom. Zusätzlich erforderte aber diese Deaktivierung der Kurzschlussbehandlung höhere Grundströme um Kurzschlüsse im Anlauf zu vermeiden. Dadurch setzten die Ablösepunkte von Stromregelung auf Spannungsregelung bei analoger U/I-Regelung während der Impulsphase generell später ein. Um die Stromfläche, beizubehalten nach Grundstromerhöhung, musste dafür aber der maximale Impulsstrom gesenkt werden. Somit wurde die Lichtbogenlänge nicht verändert. Die für die Tropfenablösung entscheidende Fläche, wurde durch Änderungen der Impulsform (Anstiege und Abfälle) beibehalten.

4.8.3 L-Kennlinienregler:

4.8.3.1 Erläuterung

Wie bereits erwähnt steuert der L-Kennlinienregler die Verrundung am Ende der Impulsform beim Übergang vom Impulsstrom auf Grundstromniveau. Der Regler sorgt dafür, dass bei Stromregelung die fast senkrechte Kennlinie nicht bis 0V reicht, sondern bei einer vorgegebenen Spannung L-förmig abknickt und somit in eine konstante Spannungskennlinie übergeht.

4.8.3.2 Wirkungsprinzip

Die L-Kennlinienregelung erfolgt durch den Regler **SwtUBasis**, der feststellt, ob die Spannung unter einem Wert von z.b. 17V liegt. Zusätzlich gilt, dass die Spannung eine definierte Mindestzeit unterhalb der Schwelle liegen muss. Diese Mindestzeit wird mit **ParTauBasis** eingestellt und beträgt z.b. 100ms in der RPA-Datei. **SwtUBasis** wird abhängig vom verwendeten Schutzgas eingestellt und sollte 0,5 bis 1V unterhalb der Grundspannung liegen, die bei sehr kurz eingestelltem Lichtbogen gemessen wird. Im Gegensatz zur KS-Behandlung arbeitet dieser Regler als Proportionalregler kontinuierlich. Seine Verstärkung wird mit **ParKpBasis** bestimmt, wobei ein Wert von z.b. 200 bedeutet, dass der Regler den Grundstrom um 200A erhöht, wenn die aktuelle Grundspannung 1V unterhalb **SwtUBasis** liegt. Um wie viel der Regler den Grundstrom maximal anheben darf wird durch den Grenzwert **GwtRegBasis** bestimmt. Der L-Kennlinienregler kann fast ohne Einfluss auf den weiteren Grundstromverlauf dazu verwendet werden, den Übergang von fallender Pulsflanke in den Grundstrom zu verrunden. Dazu muss die Verstärkung **ParKpBasis** = 200 sehr hoch eingestellt werden. Damit der Regler nur im Übergang arbeitet, müssen dazu grundsätzlich zwei Bedingungen erfüllt werden. Zum Einen muss der Sollwert unterhalb der zu erwartenden Grundspannungen liegen. Zum Zweiten muss die fallende Pulsflanke ohne Knick so steil, wie möglich sein **SwtFlaF1** - **SwtFlaF3** = 800. Die Induktivitäten im Kreis führen bei diesen schnellen Stromänderungen dazu, dass die vom Regler überwachte Spannung an den Klemmen der Maschine, solange der Strom fällt, den Sollwert = 17V unterschreitet. Der Regler arbeitet nur in der Phase des Übergangs von I_P zu I_G.

Prozessregler	Erläuterung
SwtUBasis	Sollwert/ Führungsgröße muss unterschritten werden [17V]
ParTauBasis	Dauer der Unterschreitung vom Sollwert [100ms]
GwtRegBasis	max. Wert der zum Grundstrom addiert werden kann [200A]
ParKpBasis	Verstärkung Stromanstieg pro unterschrittenem V [200A/V]

Tabelle-17: Prozessregler - L-Kennlinienregler

4.8.3.3 Deaktivierung

Der L-Kennlinienregler kann nicht ganz ausgeschaltet werden. Zur Deaktivierung der L-förmigen Verrundung können aber die Prozessregler **GwtRegBasis** und **ParKpBasis** auf „Eins" gesetzt werden. Ihre Wirkung ist dann minimal. Ebenfalls verrundet der Regler nicht, wenn der Strom schon durch die Pulsformung flach in den Grundstrom übergeht, oder der Sollwert **SwtUBasis** zu niedrig eingestellt wurde.

5 Versuchusauswertung

5.1 U/I-Regelung - Übersicht1:

5.1.1 Erläuterung:

Nach der experimentellen Umsetzung aller im Abschnitt 4.4.2. beschriebenen Schweißkonfigurationen, wurden dann im Abschnitt 5. die Schweißergebnisse mit einander verglichen und ausgewertet. Eine erste Übersicht dazu, soll alle Schweißkonfigurationen bei einer genau definierten Massekabelkonfiguration (Abschnitt 4.1.2.) darstellen. Im späteren Abschnitt 5.2. zeigt eine weitere Übersicht pro Diagramm genau eine Schweißkonfiguration in Abhängigkeit ändernder Massekabellängen. Zur besseren Verständigung der nachstehenden Diagramme, sollen die Tabelle-18 und Tabelle-25 mit Hilfe von Pfeilen, eine Übersicht der Darstellungsvariante vermitteln. Die Pfeilrichtung beschreibt dabei immer alle in einem Diagramm dargestellten Schweißkonfigurationen (Übersicht1) bzw. Massekabelkonfigurationen (Übersicht2). Im Abschnitt 5.1. befinden sich somit insgesamt sechs Diagramme, jeweils drei bezogen auf die verwendete Hauptplatine der Schweißstromquelle. Schwerpunktmäßig konzentrierte sich die Auswertung der Schweißnahtergebnisse auf optische Beurteilungen, in Zusammenhang mit den aufgezeichneten Momentanwerten von Schweißstrom bzw. -spannung (Abschnitt 4.2.7.) zur Kontrolle der Lichtbogenlänge und des Werkstoffüberganges. Im Falle einiger Schweißkonfigurationen wurden zusätzlich noch Schliffbilder der Schweißnähte angefertigt und zur Auswertung herangezogen.

Karte2/3	PP-FEST	PP-FEST	PP-KOMP
	5m normal	15m gewickelt	15m gewickelt
Analog NoKSB	▼	▼	▼
Analog KSB	▼	▼	▼
Digital NoKSB	▼	▼	▼
Digital KSB	▼	▼	▼

Tabelle-18: Diagramme - Übersicht1 [U/I-Regelung]

5.1.2 Grundkonfigurationen: [U/I]

Zu Beginn der Auswertungen soll zunächst auf die U/I-Grundkonfigurationen beider Karten eingegangen werden, die als Grundlage und Referenz für die Massekabellängenänderungen dienten. Die nachstehenden Tabelle-19 und

Tabelle-20 enthalten dazu die wichtigsten zum Schweißen verwendeten Parameter.

Der zu jedem Stromverlauf passende Spannungsverlauf, sollte im Idealfall eine Spannungsspitze, im letzten abfallenden Bereich, kurz vor Grundstromniveau aufweisen. Spannungsspitzen signalisieren die Tropfenablösung von der Drahtelektrode auf das Werkstück, weil der Lichtbogen vor und nach dem Tropfen in der Flugphase brennt. Spannungsspitzen in anderen Bereichen sind dagegen nachteilig. Wird der Tropfen zu früh abgelöst, entstehen Spritzer beim Werkstoffübergang, da der Tropfen noch sehr heiß ist während der Impulsphase. Bei einer späten Tropfenablösung, wie z.b. während der Grundstromphase, verringert sich die Qualität des Werkstoffüberganges, aufgrund des niedrigeren Grundstromes und der daraus resultierenden geringeren Tropfentemperatur. Bei der digitalen Signalerzeugung ergab sich während der Parameterfindung generell ein höherer Grundstrom (K2 mit I_G=70A, K3 mit I_G=85A). Zur Einhaltung der Stromfläche sind dann wiederum die Impulsströme gegenüber den analogen Signalen etwas flacher ausgefallen. Ebenfalls ist bei der digitalen Signalerzeugung leider keine 100%ig gesteuerte Tropfenablösung am Ende der Impulsflanke zustande gekommen. Auch erneute Versuche zur Parametererstellung, ergaben immer etwas spätere Tropfenablösungen.

Ein weiterer Unterschied zwischen den Grundkonfigurationen beider Karten, konnte im analogen Stromanstieg festgestellt werden. Der Ablösepunkt von I/I- auf U/I-Regelung im Fall der Karte3, schaltet wesentlich später um als bei Karte2 (Abbildung-076 und Abbildung-078). Dadurch verformt sich das aufgezeichnete Stromsignal während der Impulsphase zunehmend zum wirklichen Rechtecksignal. Daraus entstehende Vor- bzw. Nachteil werden im Abschnitt 5.1.3. diskutiert.

K2 PP-FEST	v_D	I_S	U_S	U_G	U_P	I_G	I_P	f_P	t_P
	[m/min]	[A]	[V]	[V]	[V]	[A]	[A]	[Hz]	[ms]
Analog NoKSB	3,0	125	20,5	18,6	25,5	65	321	120	1,85
Analog KSB	3,0	124	20,7	18,9	25,5	65	317	120	1,85
Digital NoKSB	3,0	123	20,4	19,0	25,5	70	297	120	1,85
Digital KSB	3,0	123	20,5	18,9	25,5	70	298	120	1,85

Tabelle-19: K2 mit festen PP 5m normal - Messwerte

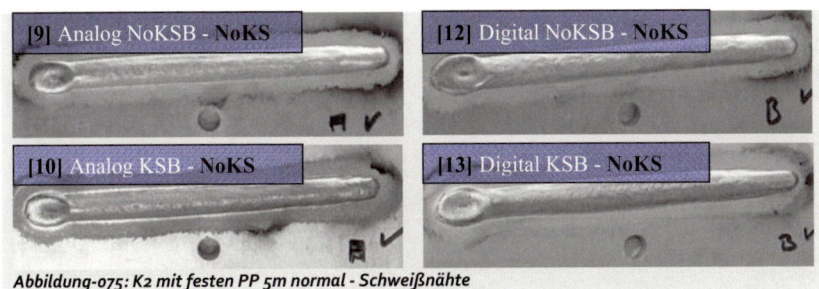

Abbildung-075: K2 mit festen PP 5m normal - Schweißnähte

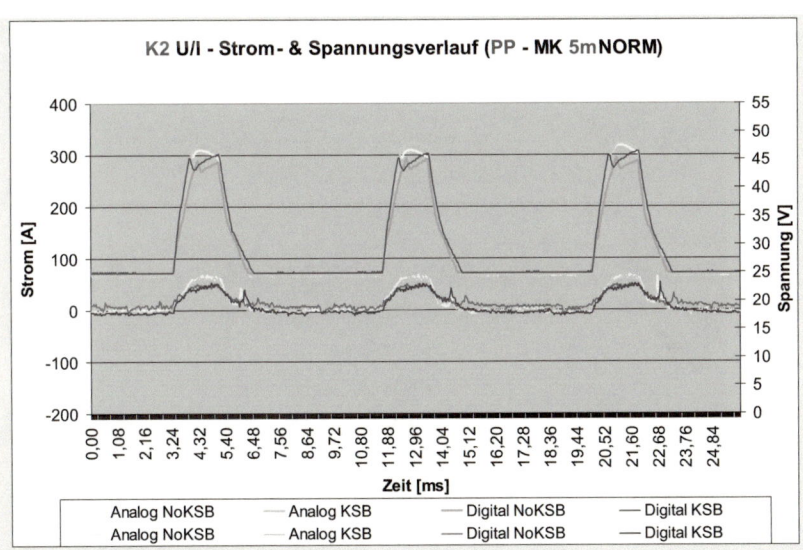

Abbildung-076: K2 mit festen PP 5m normal - Strom & Spannung

K3 PP-FEST	v_D	I_S	U_S	U_G	U_P	I_G	I_P	f_P	t_P
	[m/min]	[A]	[V]	[V]	[V]	[A]	[A]	[Hz]	[ms]
Analog NoKSB	3,0	123	20,7	18,6	25,5	70	326	120	1,85
Analog KSB	3,0	124	20,6	19,2	25,5	70	322	120	1,85
Digital NoKSB	3,0	125	21,0	19,8	25,5	85	278	120	1,85
Digital KSB	3,0	126	20,6	19,7	25,5	85	282	120	1,85

Tabelle-20: K3 mit festen PP 5m normal - Messwerte

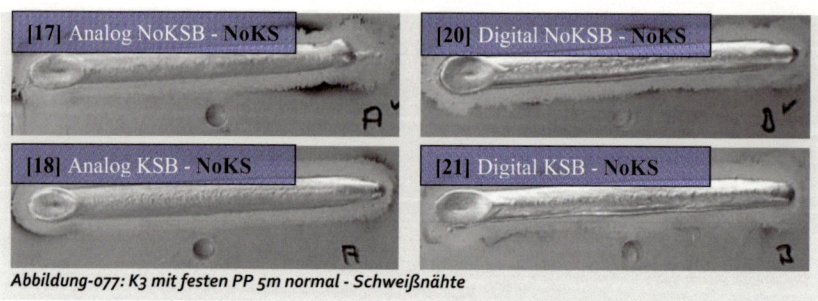
Abbildung-077: K3 mit festen PP 5m normal - Schweißnähte

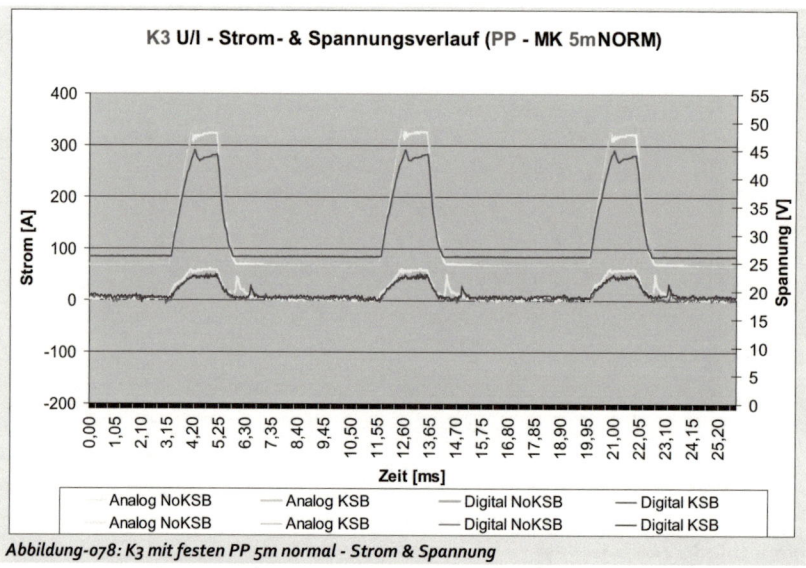
Abbildung-078: K3 mit festen PP 5m normal - Strom & Spannung

Trotz der genannten Unterschiede, lieferten alle Schweißnähte optisch ein sehr gutes Schweißnahtergebnis nach erfolgreicher Prozessparameterfindung. Die in Abbildung-079 dargestellten Schliffbilder der Grundkonfigurationen wiesen alle den geforderten 30% Einbrand auf, bezogen auf die verwendete Probeblechgeometrie.

Zur besseren Übersicht, bekam jede geschweißte Naht eine Nummer zugeteilt, welche aber nicht zwingend auch die zeitliche Abfolge der Schweißungen genau widerspiegelt. Für optische Beurteilungen, wie z.B. bei Schliffbildern, befinden sich die jeweilige Nummerierung in eckiger Klammer direkt auf den Abbildungen selber. Eine komplette Übersicht aller geschweißten Versuche mit Nummern (Schweißnaht 1 bis 113) befindet sich dazu im Anhang (Tabelle-35 und Tabelle-36).

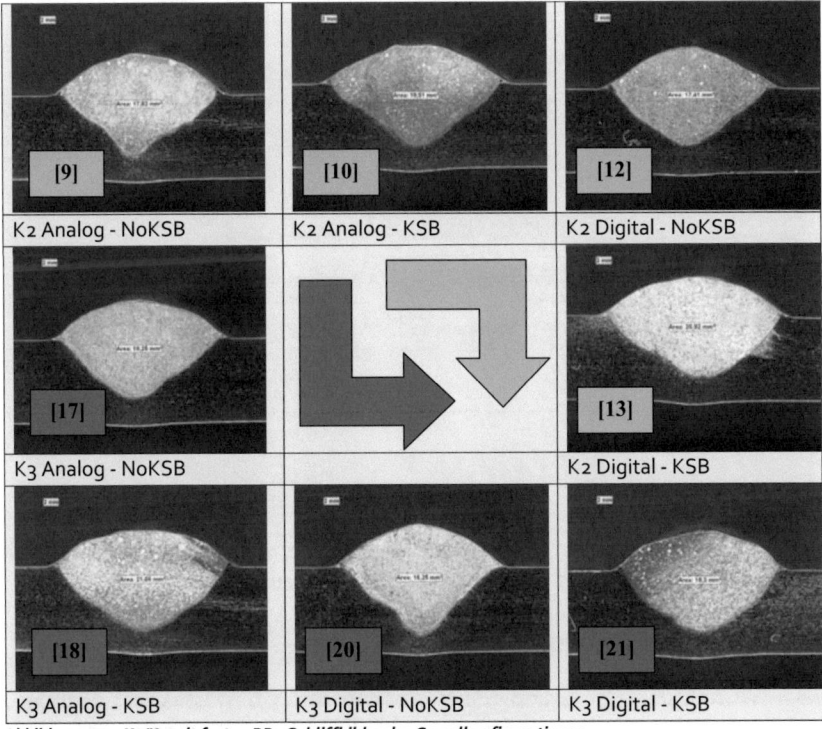

Abbildung-079: K2/K3 mit festen PP - Schliffbilder der Grundkonfigurationen

Die Parameterfindung erzielte zahlenmäßig bei den Grundkonfigurationen ebenfalls eine relativ gleiche Stromfläche (Abbildung-080). Abweichungen sind aufgrund der regelnden Kurzschlussbehandlung und der jeweils unterschiedlichen Signalerzeugung zurückzuführen. Alle Konfigurationen mit Kurzschlussbehandlung erzielten fast überall mehr Stromfläche. Ursache dafür war der aktive L-Kennlinienregler (Abschnitt 4.8.3.). Größere Stromflächen ergeben längere Lichtbögen, die wiederum die Wärmeeinbringung erhöhen. Deswegen hatte die Schweißnaht 18 mit 20,92mm² die größte Nahtquerschnittsfläche (Abbildung-079). Mit dem Programm Uniplot V4.1.2 war es möglich, diese Stromflächen zahlenmäßig zu bestimmen und für nachfolgende Untersuchungen als 100% anzusetzen. Alle weiteren Diagramme zur Stromflächendarstellung einzelner Konfigurationen, beziehen sich immer prozentual auf die erreichte Stromfläche der jeweiligen Grundkonfiguration.

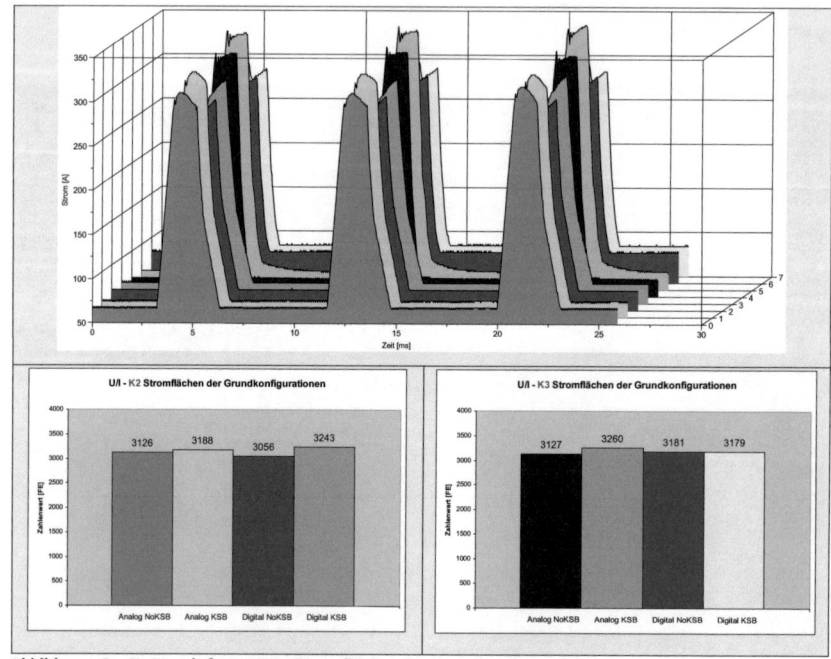

Abbildung-080: K2/K3 mit festen PP - Stromflächen der Grundkonfigurationen

5.1.3 Feste Prozessparameter - 15m gewickelt:

Nach Schweißung der Grundkonfigurationen mit 5m Massekabel gezogen, wurden anschließend die Massekabellängen der insgesamt acht U/I-Grundkonfigurationen auf 15m verlängert. In diesem Abschnitt der Auswertung soll zunächst auf das 15m gewickelte Massekabel näher eingegangen werden. In Tabelle-21 befinden sich wieder alle für diesen Abschnitt eingestellten und gemessenen Prozessparameter. Die Abbildung-081 stellt optisch die geschweißten Probebleche dar. Gut ist sofort zu erkennen, dass die kurzschlussbehaftete Schweißnaht 39 ohne Kurzschlussbehandlung in dieser Kategorie der Karte2, hinsichtlich linearen Verlaufs und Schmauchfreiheit der Schweißnaht das sauberste Schweißergebnis erzielte.

K2 PP-FEST	v_D	I_S	U_S	U_G	U_P	I_G	I_P	f_P	t_P
	[m/min]	[A]	[V]	[V]	[V]	[A]	[A]	[Hz]	[ms]
Analog NoKSB	3,0	110	20,3	18,5	25,5	65	240	120	1,85
Analog KSB	3,0	122	19,6	17,7	25,5	65	257	120	1,85
Digital NoKSB	3,0	107	20,3	18,9	25,5	70	222	120	1,85
Digital KSB	3,0	124	18,3	16,8	25,5	70	257	120	1,85

Tabelle-21: K2 mit festen PP 15m gewickelt - Messwerte

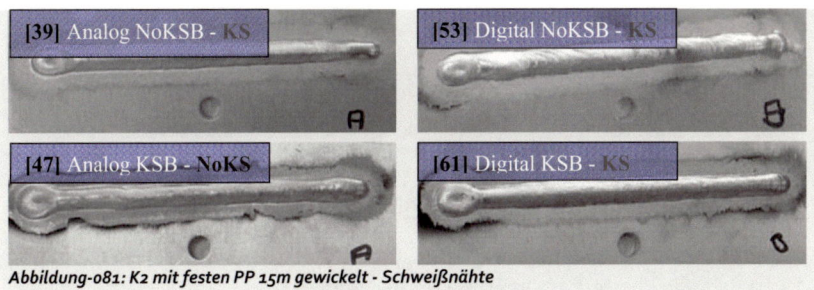

Abbildung-081: K2 mit festen PP 15m gewickelt - Schweißnähte

In Abbildung-082 wird gut ersichtlich, dass das zuvor charakteristische analoge bzw. digitale Stromsignal der Karte2 durch die ohmschen und induktiven Widerstände der zusätzlichen Massekabellängen, eingebrochen ist und aufgrund der Spannungsregelung während der Impulsphase verändert wurde. Sowohl der Strom- als auch der Spannungsverlauf der Grundkonfigurationen, konnten im Fall der Karte2 in Form und Höhe nicht mehr erreicht werden. Diese nachteilige Entwicklung bei längeren Massenkabeln, schlug sich auch optisch in Form von unregelmäßiger Schweißraupe und Schmauch auf fast allen Schweißungen nieder (Abbildung-081). Der zuvor kurzschlussfreie und stabile Lichtbogen entwickelte bei der analogen Konfiguration der Karte2 ohne Kurzschlussbehandlung Kurzschlüsse und bei der Konfiguration mit Kurzschlussbehandlung, aufgrund der Regelung einen kurzschlussfreien aber instabilen Lichtbogen. Die digitalen Signale waren immer kurzschlussbehaftet (Schweißnaht 53 und 61).

Unabhängig vom Gesamtverlauf der Schweißung wurden ausschließlich kurzschlussfreie Momentanwerte von Schweißstrom und -spannung für die Darstellung der Impulse im Diagramm übernommen. Kurzschlussbehaftete Strom- und Spannungsverläufe enthalten für eine Auswertung ungenaue Informationen über die Stromfläche und deren Verteilung und sind somit weniger interessant.

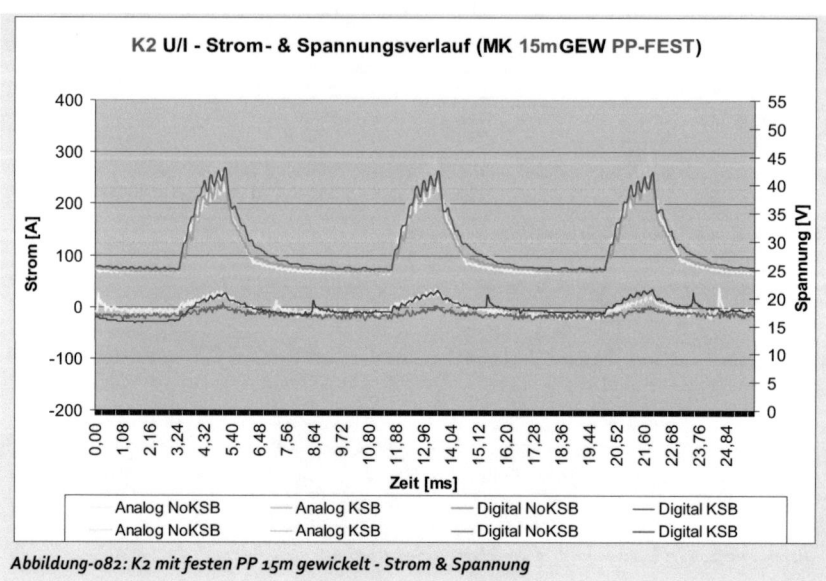

Abbildung-082: K2 mit festen PP 15m gewickelt - Strom & Spannung

Im Fall der Karte3, erreichten die Impulse bei verändernden Massekabellängen generell eine größere Impulsstromfläche im analogen Bereich (Abbildung-084). Die Ursache dafür liegt in dem, im Abschnitt 5.1.2. beschriebenen steileren Stromanstieg, welcher sich nun bei längeren Massen positiv auf die Stromfläche auswirkte. Die dadurch relativ gleich gebliebene Lichtbogenlänge sorgte dann für das kurzschlussfreie Schweißergebnis, trotz deaktivierter Kurzschlussbehandlung. Im Vergleich der Tabelle-21 K2 und der Tabelle-24 K3 ist dazu gut zu erkennen, dass die Spitzenwerte der Impulsströme I_P und die effektiven Schweißströme I_S der Karte3 im analogen Bereich zahlenmäßig auch höher liegen.

Jedoch ergab sich bei Karte3 eine sehr nachteilige Auswirkung der Kurzschlussbehandlung auf das Schweißergebnis im analogen Bereich (Abbildung-083). Auch nach Wiederholung dieser Konfiguration, blieb das Schweißergebnis unverändert mangelhaft. Trotz der erreichten Stromfläche von 101% (Abbildung-086), wurde bei dieser Konfiguration optisch das schlechteste Schweißergebnis erzielt.

K3 PP-FEST	v_D	I_S	U_S	U_G	U_P	I_G	I_P	f_P	t_P
	[m/min]	[A]	[V]	[V]	[V]	[A]	[A]	[Hz]	[ms]
Analog NoKSB	3,0	128	21,9	19,3	25,5	70	320	120	1,85
Analog KSB	3,0	127	24,2	21,3	25,5	70	289	120	1,85
Digital NoKSB	3,0	113	20,5	19,3	25,5	85	227	120	1,85
Digital KSB	3,0	116	21,7	20,3	25,5	85	216	120	1,85

Tabelle-22: K3 mit festen PP 15m gewickelt - Messwerte

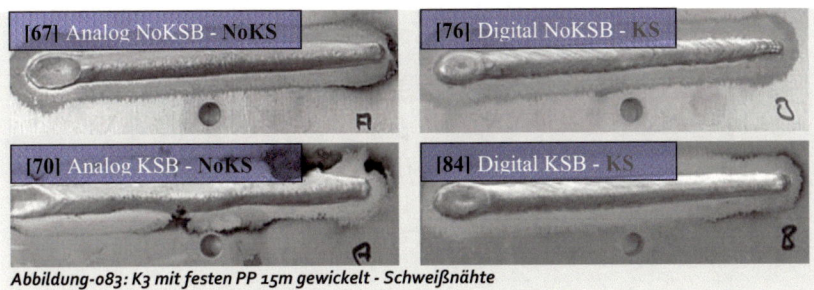

Abbildung-083: K3 mit festen PP 15m gewickelt - Schweißnähte

Im digitalen Bereich waren bei beiden Karten keine schweißtechnischen Unterschiede festzustellen. Die zugeschaltete Kurzschlussbehandlung konnte in beiden Fällen Kurzschlüsse nicht verhindern. Die Diagramme und auch die optischen Aspekte, aufgrund der unregelmäßigen Schuppung der digitalen Schweißnähte, ließen auf eine schlechtere Tropfenablösung schließen. Hierbei sind jedoch die Schweißnähte 61 und 84 mit Kurzschlussbehandlung etwas regelmäßiger geschuppt, im Gegensatz zu den Schweißnähten 53 und 76 ohne Kurzschlussbehandlung.

Bei allen Versuchen mit Kurzschlussbehandlung, versuchte der aktivierte L-Kennlinienregler die verlorene Stromfläche während der Impulsphase durch eine längere Verschleifung am Ende des Impulses wieder auszugleichen. Daher wurde bei diesen Schweißungen zahlenmäßig wieder etwas mehr Stromfläche erzielt, als bei den Konfigurationen ohne Kurzschlussbehandlung. Alle Diagramme, zur Darstellung der erreichten Stromfläche in Prozent, enthalten zusätzlich den Zahlenwert in Flächeneinheiten. Dabei sind immer die kleineren Zahlenwerte rot gehalten.

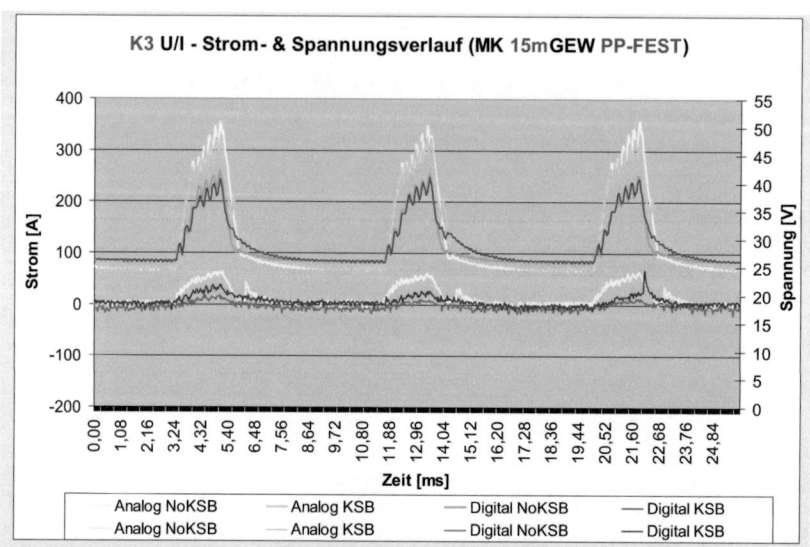

Abbildung-084: K3 mit festen PP 15m gewickelt - Strom & Spannung

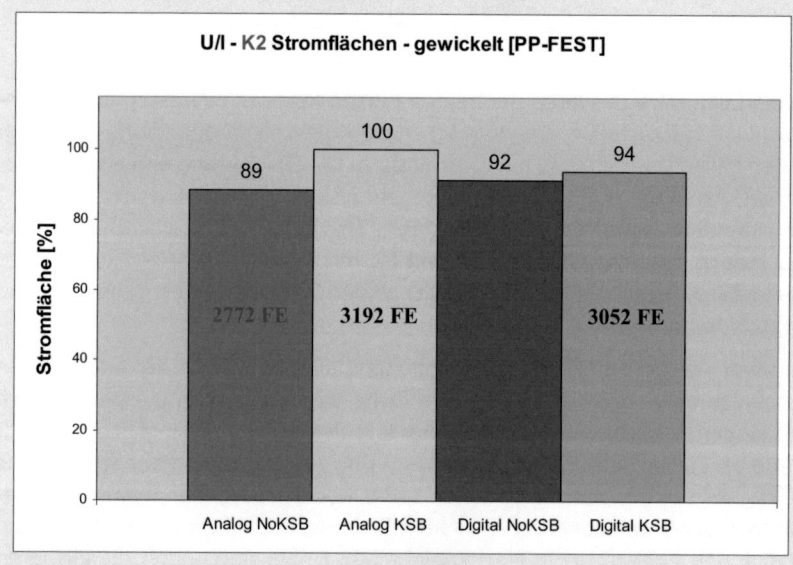

Abbildung-085: K2 mit festen PP 15m gewickelt - Stromflächen

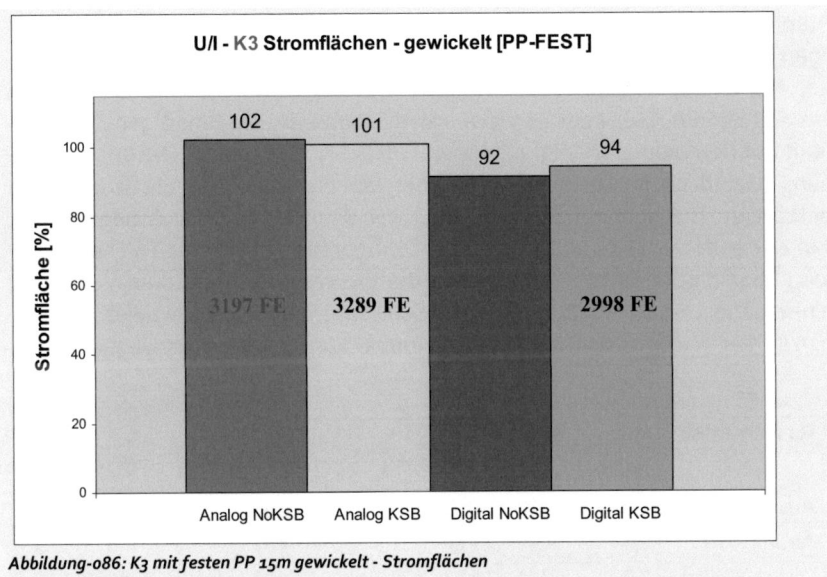

Abbildung-086: K3 mit festen PP 15m gewickelt - Stromflächen

5.1.4 Kompensierte Prozessparameter - 15m gewickelt:

Bei einer Kompensation der mit U/I-Regelung geschweißten Probebleche wäre zu sagen, dass eine Erhöhung der Impulsspannung U_P sich immer direkt proportional zum Impulsstrom I_P verhält. Durch Erhöhung dieser beiden Spitzenwerte steigen auch, bezogen auf den Messzeitraum, die von der Stromquelle gemessenen Effektivwerte von Schweißstrom I_S und Schweißspannung U_S. Die Kompensation hat aber keinen Einfluss auf die Grundspannung U_G, da der Grundstrom I_G selber nicht verändert wurde. Wie in Abschnitt 4.7.3. erwähnt, kann im Falle der U/I-Regelung nur der Grundstrom I_G und die Impulsspannung U_P für eine Kompensation erhöht werden. Da aber nur während der Impulsphase Ströme und Spannungen bei längeren Massekabeln einbrechen, ist es am Sinnvollsten zuerst die Impulsspannung U_P zu erhöhen. Aus technischen Gründen und zum Schutz des Schweißers sind jedoch dieser Erhöhung Grenzen gesetzt. Deshalb könnte man in manchen Fällen zusätzlich den Grundstrom zur Stromflächengewinnung mit anheben. Eine Schweißnahtverbesserung stellt sich dann aber verhältnismäßig spät ein, bekleidet von einem sehr sensiblen Lichtbogen. Kleinste Lichtbogenstörungen, wie z.B. Verschmutzungen auf der Werkstückoberfläche würden dann ausreichen, um die Schweißung zu verwerfen. Damit besitzen sensible Lichtbögen in der Praxis eine zu geringe Reproduzierbarkeit.

Aufgrund dieser Tatsache, wurde hauptsächlich die Impulsspannung der jeweiligen Konfiguration solange gesenkt bzw. erhöht, bis der Schweißprozess wieder mit einem kurzen, relativ stabilen Lichtbogen kurzschlussfrei gefahren werden konnte, bekleidet von eine relativ sauberen, regelmäßigen Schweißnaht mit homogener Reinigungszone ohne Schmauchspuren. Die Impulsspannung beeinflusst immer den Impulsstrom, welcher wiederum die Stromfläche beschreibt. Bei richtiger Stromfläche passt dann auch die Lichtbogenlänge. Auf der anderen Seite beeinflusst die Konfiguration selber die Flächenverteilung über die Impulsform. Erst wenn die Stromfläche und deren Verteilung einhergehen, ist es möglich sehr gute Schweißergebnisse zu erzielen. Deswegen ist das Wesen einer Kompensation immer konfigurationsabhängig.

K2 PP-KOMP	v_D [m/min]	I_S [A]	U_S [V]	U_G [V]	U_P [V]	I_G [A]	I_P [A]	f_P [Hz]	t_P [ms]
Analog NoKSB	3,0	124	21,7	19,5	27,5	65	302	120	1,85
Analog KSB	3,0	129	19,8	17,3	27,0	65	306	120	1,85
Digital NoKSB	3,0	122	22,3	20,7	31,5	80	257	120	1,85
Digital KSB	3,0	112	22,1	20,4	29,0	70	233	120	1,85

Tabelle-23: K2 mit kompensierten PP 15m gewickelt - Messwerte

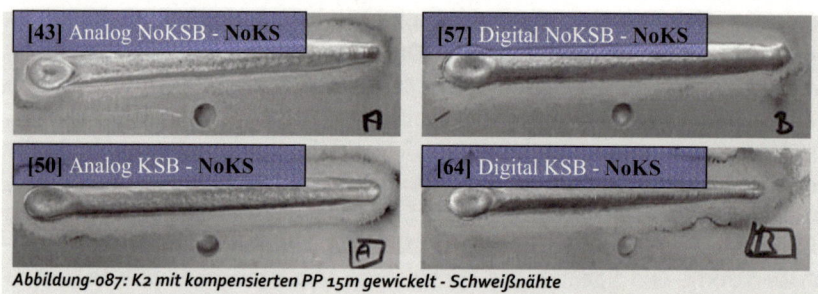

Abbildung-087: K2 mit kompensierten PP 15m gewickelt - Schweißnähte

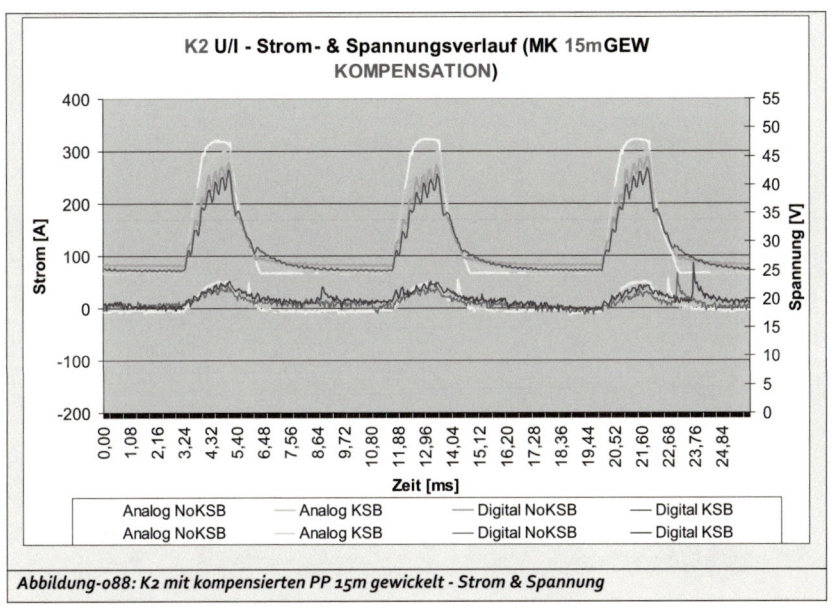

Abbildung-088: K2 mit kompensierten PP 15m gewickelt - Strom & Spannung

K3 PP-KOMP	v_D [m/min]	I_S [A]	U_S [V]	U_G [V]	U_P [V]	I_G [A]	I_P [A]	f_P [Hz]	t_P [ms]
Analog NoKSB	3,0	128	21,9	19,3	25,5	70	320	120	1,85
Analog KSB	3,0	124	21,9	19,2	23,5	60	293	120	1,85
Digital NoKSB	3,0	125	22,5	20,9	32,0	90	258	120	1,85
Digital KSB	3,0	123	21,3	19,8	26,5	80	227	120	1,85

Tabelle-24: K3 mit kompensierten PP 15m gewickelt - Messwerte

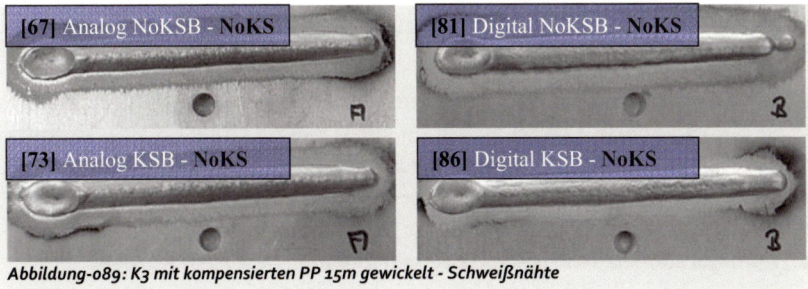

Abbildung-089: K3 mit kompensierten PP 15m gewickelt - Schweißnähte

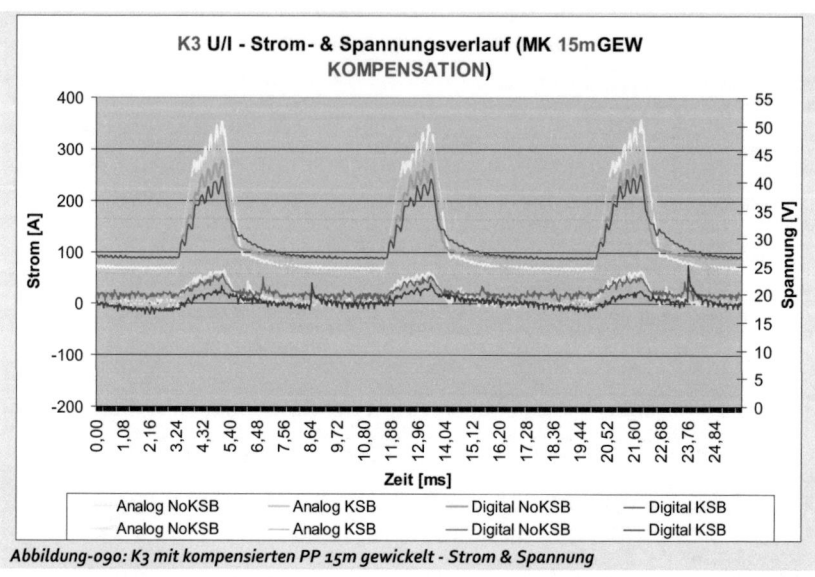

Abbildung-090: K3 mit kompensierten PP 15m gewickelt - Strom & Spannung

Die Grundkonfiguration im analogen Bereich ohne Kurzschlussbehandlung der Karte3, musste als einzige Konfiguration nicht kompensiert werden. Gründe dafür waren die mit 102% gemessene Stromfläche (Abbildung-086 und Abbildung-092), der kurze aber kurzschlussfreien Lichtbogen und die optischen Aspekte der Schweißnaht trotz Massekabeländerung, gefolgt von einem konstanten Einbrand (Abbildung-115).

Die digitalen Signale erforderten am meisten Aufmerksamkeit während der Kompensation. Impulsspannung und auch teilweise Grundstrom mussten für eine erfolgreiche Kompensation stärker verändert werden, bekleidet von einem sensiblen Lichtbogen. Ein direkter Unterschied zwischen Karte2 und Karte3 im digitalen Bereich konnte aber auch während der Kompensation nicht festgestellt werden.

Nach relativ erfolgreicher Kompensation und Anpassung der Prozessparameter an die veränderte Massekabellänge zur Wiederherstellung von Stromflächen und Lichtbogenlängen, konnte nur bei Karte2 im analogen Bereich die ursprüngliche charakteristische hohe schmale Impulsform wieder hergestellt werden. Somit konnten auch bei dieser Untersuchung, die Vorteile der analogen Konfigurationen im Gegensatz zu den digitalen bewiesen werden.

Die erreichten Zahlenwerte der Stromflächen nach der Kompensation verhielten sich genau umgekehrt die der Zahlenwerte mit festen Prozessparametern für 15m gewickeltem Massekabel in Bezug auf die Kurzschlussbehandlung mit aktiven L-Kennlinienregler. (Vergleich Abbildung-085/086 und Abbildung-091/092). Konfigurationen ohne Kurzschlussbehandlung können nur Stromflächen in der Impulsspitze durch Änderung der Prozessparameter hinzugewinnen, auf Grund der festen fallenden Flanke am Ende der Impulsphase. Die Massekabeländerung wirkte aber der Impulshöhe entgegen, so dass diese Art der Stromflächengewinnung verlustbehaftet war. Daher musste generell die Impulsspannung bei gleicher Signalerzeugung stärker erhöht werden. Am Ende jedoch erreichten alle Konfigurationen nach der Kompensation optisch ähnlich gute Schweißergebnisse.

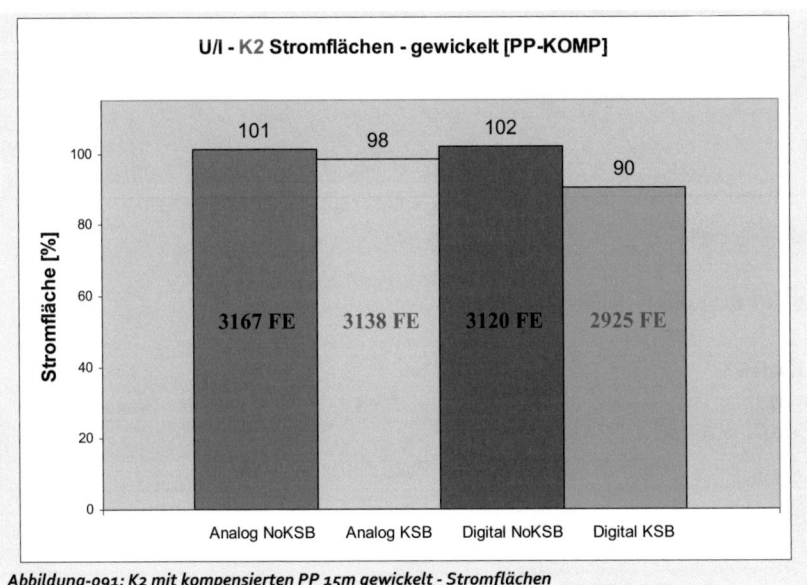

Abbildung-091: K2 mit kompensierten PP 15m gewickelt - Stromflächen

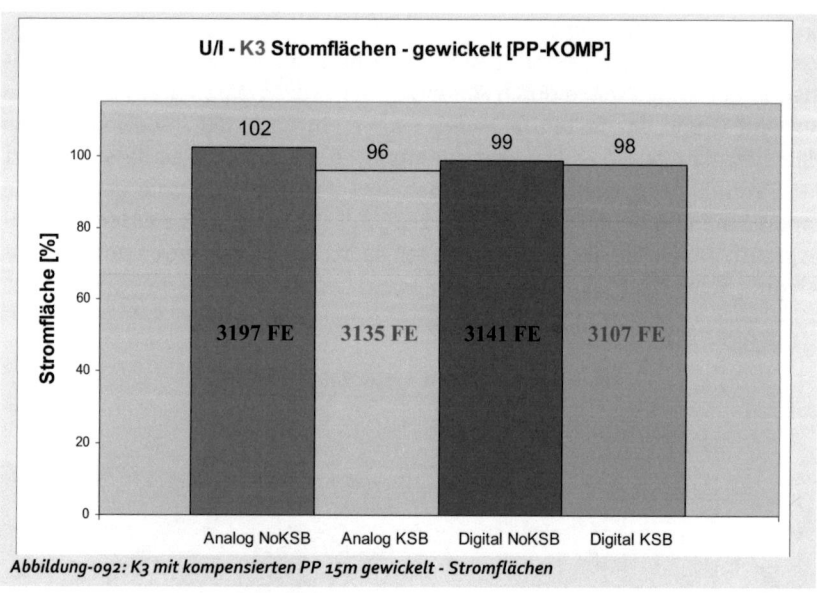

Abbildung-092: K3 mit kompensierten PP 15m gewickelt - Stromflächen

5.2 U/I-Regelung - Übersicht2:

Karte2/3	PP-Fest 5m normal	PP-Fest 15m gezogen	PP-Fest 15m gewickelt	PP-Fest Fremdkabel
Analog NoKSB	▶	▶	▶	
Analog KSB	▶	▶	▶	▶
Digital NoKSB	▶	▶	▶	
Digital KSB	▶	▶	▶	▶

Tabelle-25: Diagramme - Übersicht2 [U/I-Regelung]

5.2.1 Feste Prozessparameter - Massekabeländerung:

Ausgehend von den vier Grundkonfigurationen (5m normal) beider Karten, soll diese Übersicht die Massekabelproblematik jeder einzelnen Konfiguration mit festen Prozessparametern, auch mit Hilfe von Fremdkabelmessungen noch einmal verdeutlichen. Dadurch wird besser ersichtlich, wie die Stromflächen und deren Verteilung während der Massekabeländerung beeinflusst wurden.

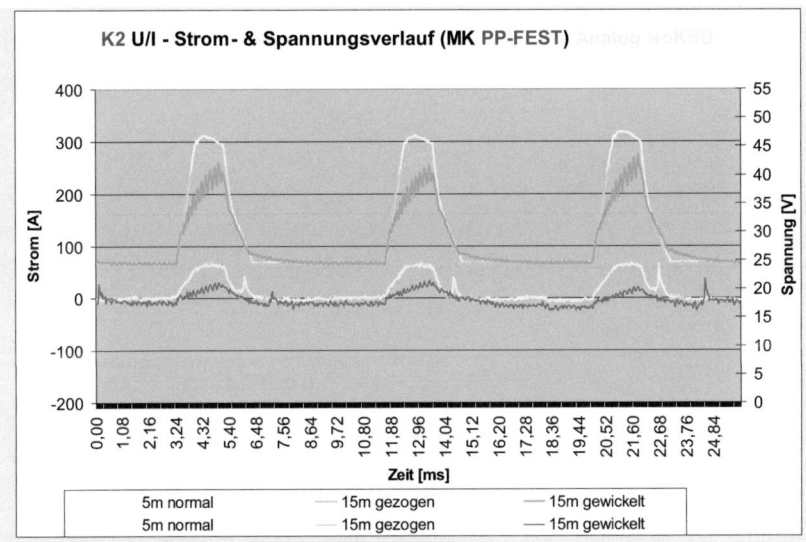

Abbildung-093: K2 mit festen PP Analog NoKSB - Strom & Spannung

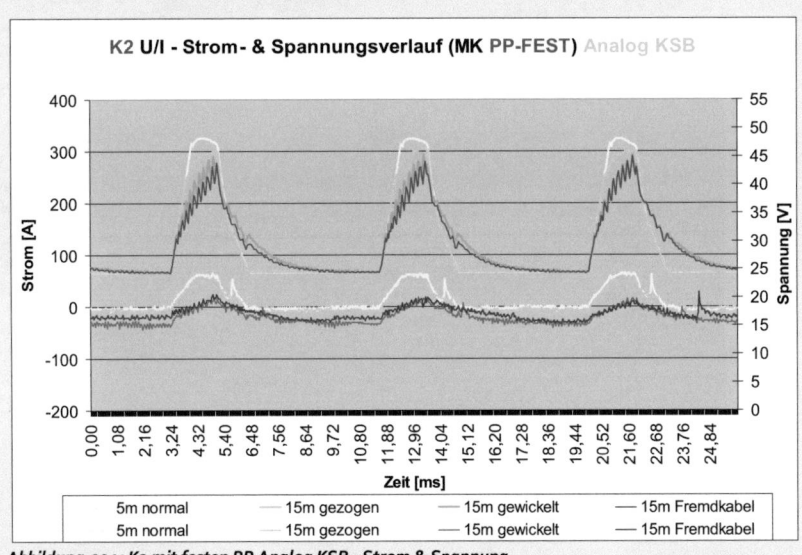

Abbildung-094: K2 mit festen PP Analog KSB - Strom & Spannung

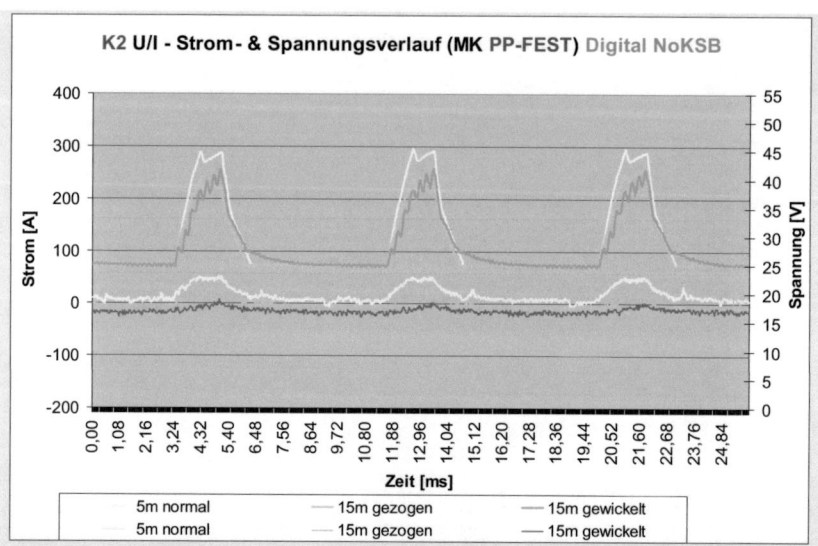
Abbildung-095: K2 mit festen PP Digital NoKSB - Strom & Spannung

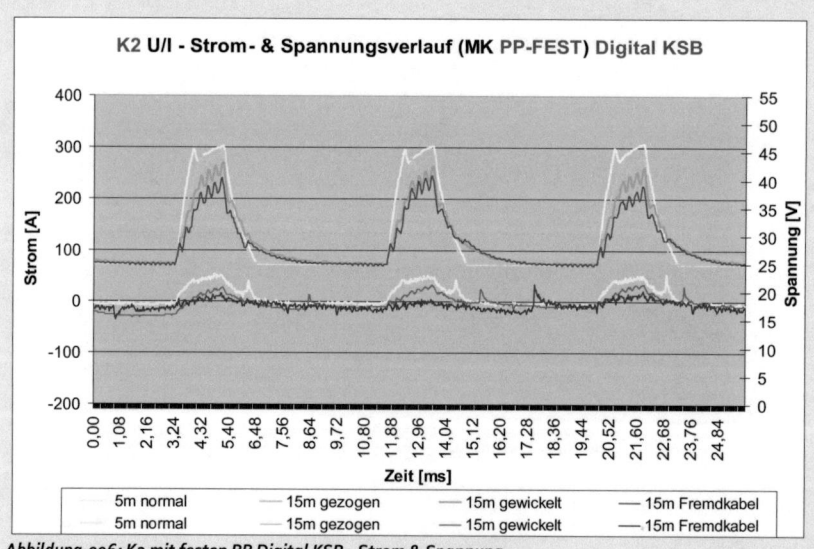
Abbildung-096: K2 mit festen PP Digital KSB - Strom & Spannung

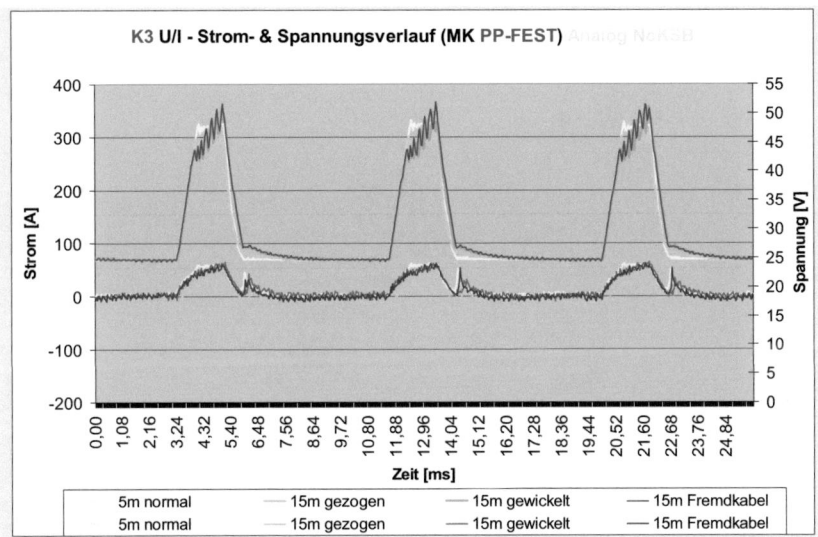

Abbildung-097: K3 mit festen PP Analog NoKSB - Strom & Spannung

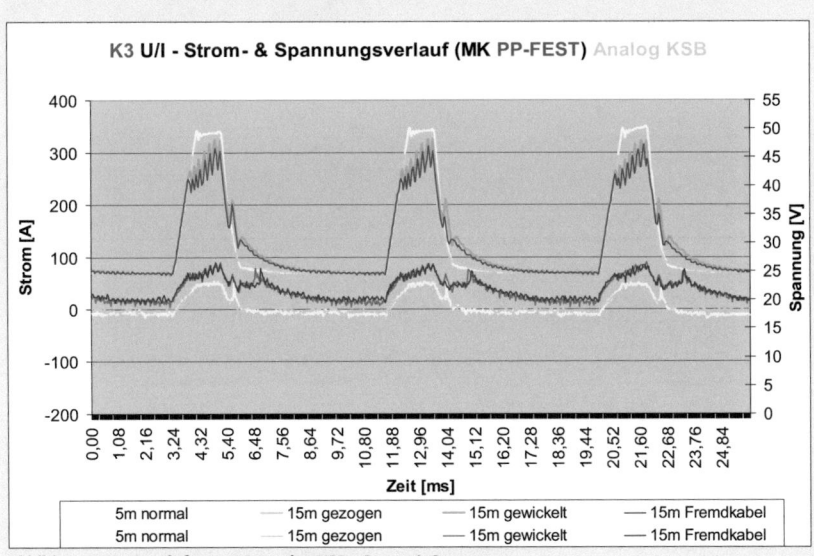

Abbildung-098: K3 mit festen PP Analog KSB - Strom & Spannung

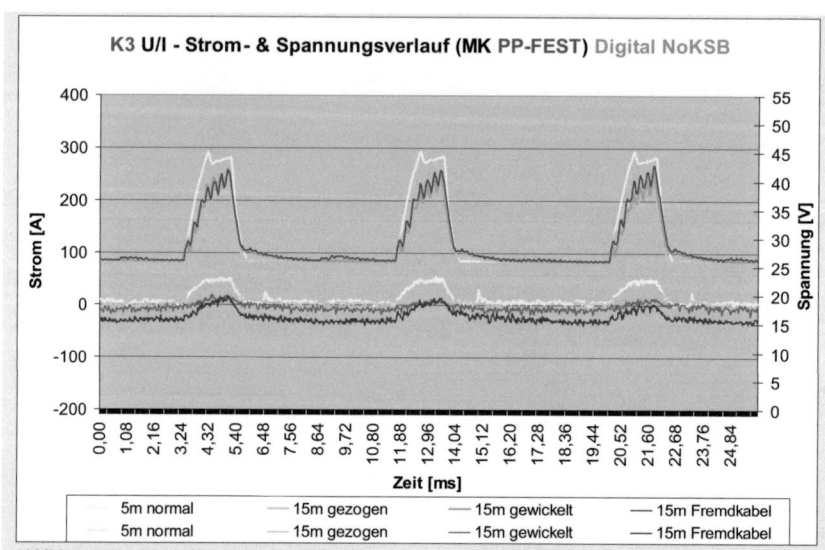

Abbildung-099: K3 mit festen PP Digital NoKSB - Strom & Spannung

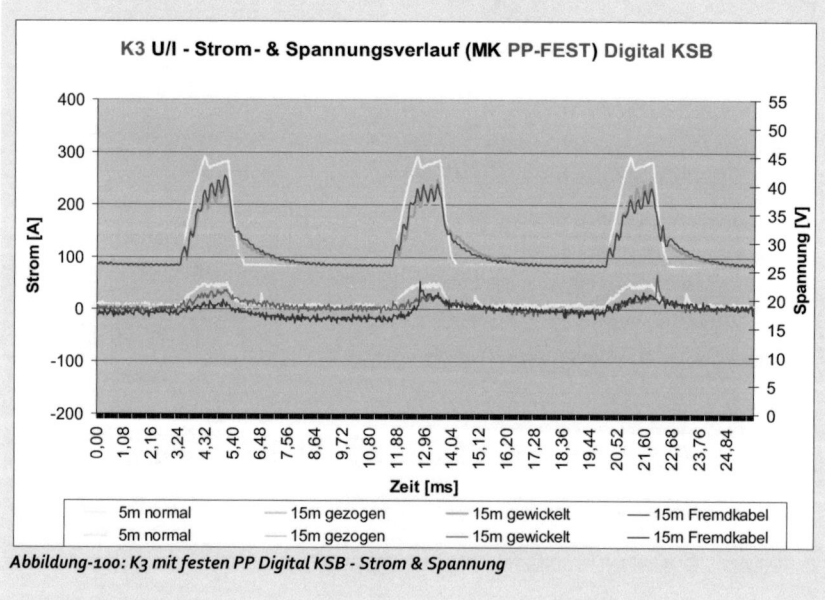

Abbildung-100: K3 mit festen PP Digital KSB - Strom & Spannung

5.2.2 Massekabeländerung - Analog KSB:

Wie in Abschnitt 5.1.4. erläutert wurde, konnten sich aufgrund der größeren Stromfläche und der einfacheren Parameterfindung während der Kompensation, die analogen Signale gegenüber den digitalen durchsetzten. Ebenfalls ergaben die Untersuchungen aus Abschnitt 5.1.3. Vorteile auf Seiten der Konfigurationen ohne Kurzschlussbehandlung in Sachen Schweißnahtqualität. Für eine generelle Ablehnung der von der Firma CLOOS entwickelten Kurzschlussbehandlung, sollten vorher jedoch die Ursachen und negativen Auswirkungen auf das Schweißergebnis explizit noch einmal erläutert werden. Dabei wurden zusätzlich Häufigkeitsverteilungen der Messwerte und Schliffbilder zum Vergleich herangezogen. Der folgende Abschnitt 5.2.2. beschäftigt sich deshalb ausschließlich mit den analogen Konfigurationen mit Kurzschlussbehandlung beider Hauptplatinen, beginnend mit festen und anschließend wieder kompensierten Prozessparametern.

Analog KSB [PP-FEST]	v_D [m/min]	I_S [A]	U_S [V]	U_G [V]	U_P [V]	I_G [A]	I_P [A]	f_P [Hz]	t_P [ms]
5m normal	3,0	124	20,7	18,9	25,5	65	317	120	1,85
15m gezogen	3,0	120	20,3	18,5	25,5	65	304	120	1,85
15m gewickelt	3,0	122	19,6	17,7	25,5	65	257	120	1,85
Fremdkabel	3,0	120	20,2	19,9	25,5	65	245	120	1,85

Tabelle-26: K2 mit festen PP - Messwerte

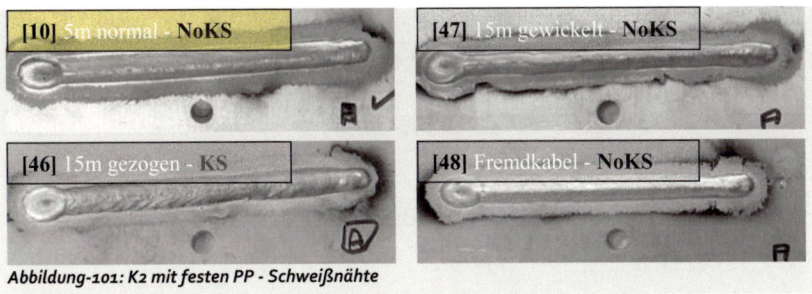

Abbildung-101: K2 mit festen PP - Schweißnähte

Analog KSB [PP-FEST]	v_D [m/min]	I_S [A]	U_S [V]	U_G [V]	U_P [V]	I_G [A]	I_P [A]	f_P [Hz]	t_P [ms]
5m normal	3,0	124	20,6	19,2	25,5	70	322	120	1,85
15m gezogen	3,0	123	20,6	19,1	25,5	70	295	120	1,85
15m gewickelt	3,0	127	24,2	21,3	25,5	70	289	120	1,85
Fremdkabel	3,0	128	24,0	21,1	25,5	70	292	120	1,85

Tabelle-27: K3 mit festen PP - Messwerte

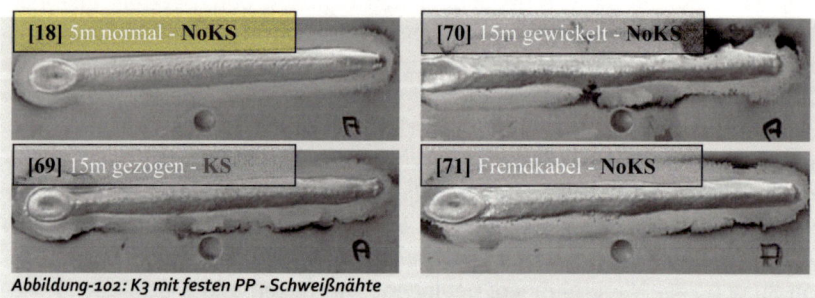
Abbildung-102: K3 mit festen PP - Schweißnähte

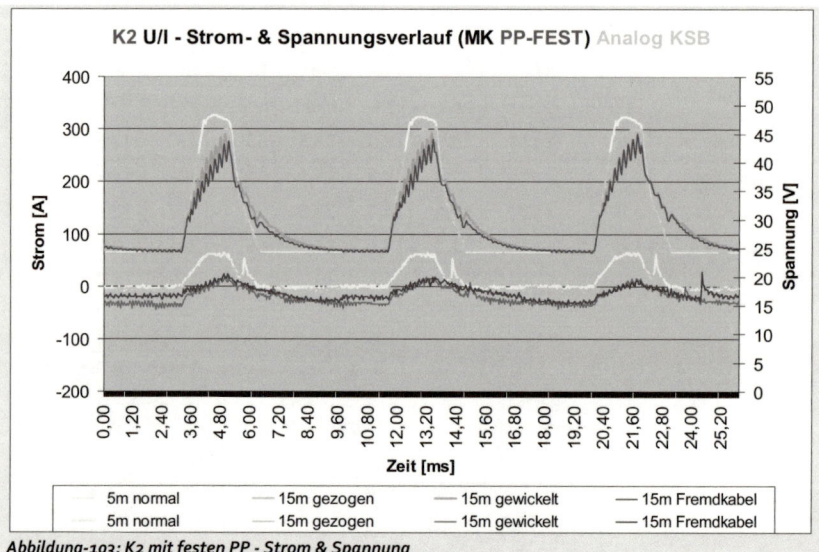
Abbildung-103: K2 mit festen PP - Strom & Spannung

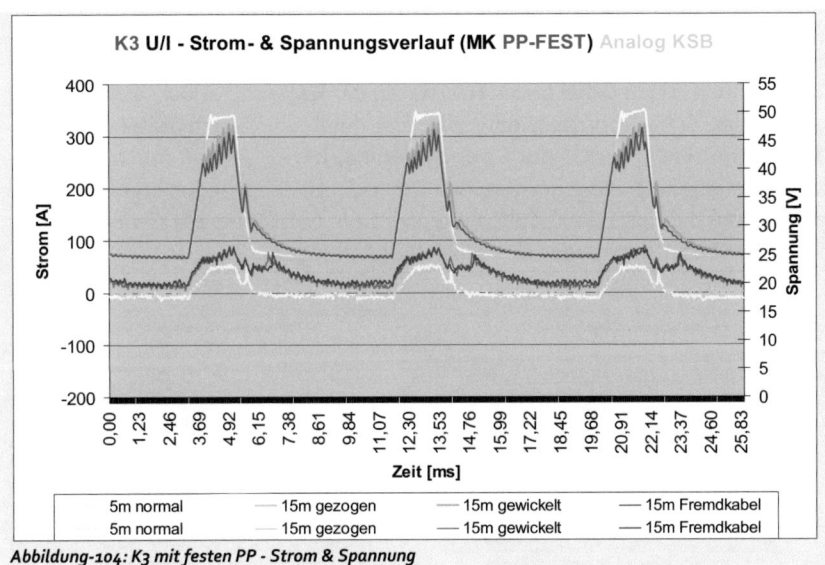

Abbildung-104: K3 mit festen PP - Strom & Spannung

Der steilere Stromanstieg während der Impulsphase der Karte3, bewirkte bei zunehmendem Massekabelwiderstand eine Erhöhung von Schweißstrom bzw. Schweißspannung (Tabelle-27). Im Vergleich dazu, ist im Falle der Karte2 eine Abnahme von I_S bzw. U_S zu erkennen (Tabelle-26). Ursache dafür ist die neue Stromanstiegsregelung der Karte3, die höhere Impulsströme erzeugt. Dadurch erreichte diese Hauptplatine generell mehr Stromfläche bei fast allen Konfigurationen (Abbildung-105). Trotzdem ergaben sich dadurch aber keinerlei positive Aspekte in Bezug auf das optische Schweißergebnis, in Zusammenhang mit der verwendeten Kurzschlussbehandlung (Abbildung-101 und Abbildung-102).

Bei Karte2 ist der Lichtbogen insgesamt kürzer und härter geworden, da die ursprüngliche Stromfläche nicht mehr erzielt werden konnte. Dadurch wurde die Schweißnaht schmäler und die Nahtquerschnittsfläche geringer. Bei Karte3 ist das Nahtquerschnittsfläche aufgrund der größeren Stromfläche und dem folglich längerem Lichtbogen breiter geworden und geringfügiger gesunken (Abbildung-106).

Alle Konfigurationen mit gezogenem Massekabel waren trotz Kurzschlussbehandlung kurzschlussbehaftet, gefolgt von schlechteren Schweißnahtergebnissen, im Vergleich zur Referenz mit 5m Massekabel (Schweißnaht 46 und 69). Andere kurzschlussbehaftete Konfigurationen aus Abschnitt 5.1.3. ohne Kurzschlussbehandlung lieferten bereits saubere Schweißnähte. Somit verursacht die Kurschlussbehandlung nachweislich Lichtbogeninstabilitäten, die wiederum Ursache für Schmauchspuren und unterschiedliche Einbrände sind. Die Ursachen liegen dabei in der Trägheiten der Regelung selber, welche oft zu stark in den Schweißprozess eingreift. Erst durch die Induktivitäten bei gewickelter Anordnung wurde der Stromänderung, hervorgerufen durch die Kurzschlussbehandlung entgegengewirkt. Die Induktivitäten reduzieren somit die Möglichkeit der Kurzschlussauflösung positiv! In Abbildung-107 sieht man dazu die registrierten Streuungen der Schweißspannungen.

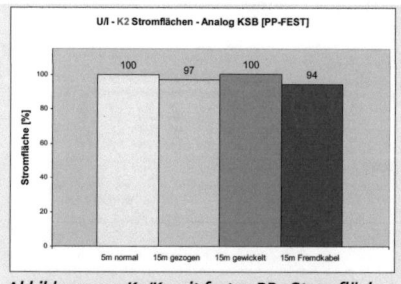

Abbildung-105: K2/K3 mit festen PP - Stromflächen

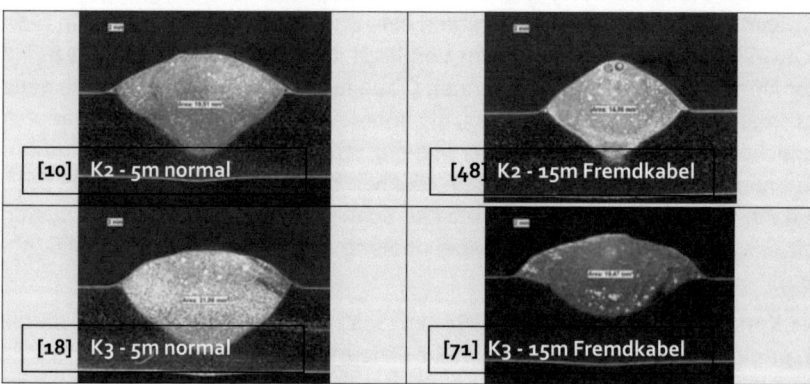

Abbildung-106: K2/K3 mit festen PP – Schliffbilder

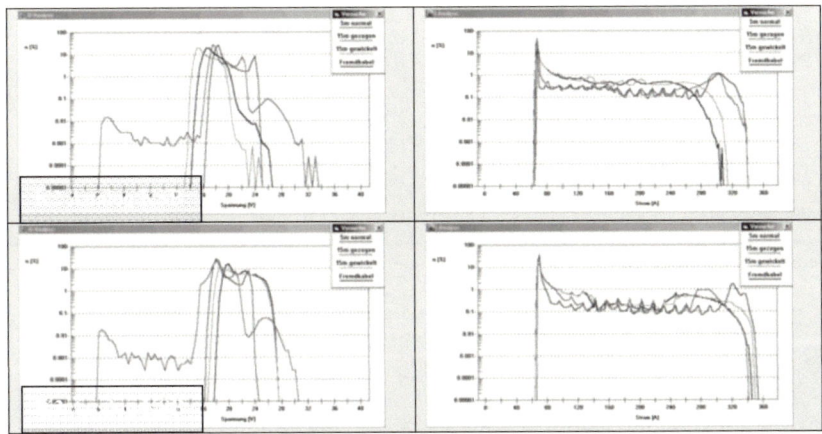

Abbildung-107: K2/K3 mit festen PP - Häufigkeitsverteilung IS & US

Analog KSB PP-KOMP	v_D [m/min]	I_S [A]	U_S [V]	U_G [V]	U_P [V]	I_G [A]	I_P [A]	f_P [Hz]	t_P [ms]
5m normal	3,0	124	20,7	18,9	25,5	65	317	120	1,85
15m gezogen	3,0	124	22,1	19,8	28,0	65	320	120	1,85
15m gewickelt	3,0	124	20,8	19,3	27,0	65	307	120	1,85
Fremdkabel	3,0	123	21,8	19,5	28,0	65	302	120	1,85

Tabelle-28: K2 mit kompensierten PP - Messwerte

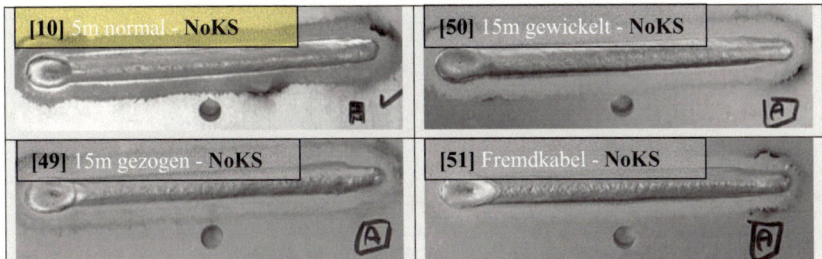

Abbildung-108: K2 mit kompensierten PP – Schweißnähte

Analog KSB PP-KOMP	v_D [m/min]	I_S [A]	U_S [V]	U_G [V]	U_P [V]	I_G [A]	I_P [A]	f_P [Hz]	t_P [ms]
5m normal	3,0	124	20,6	19,2	25,5	70	322	120	1,85
15m gezogen	3,0	128	22,2	19,1	24,0	65	297	120	1,85
15m gewickelt	3,0	124	21,9	19,2	23,5	60	293	120	1,85
Fremdkabel	3,0	123	22,0	19,0	23,0	60	289	120	1,85

Tabelle-29: K3 mit kompensierten PP - Messwerte

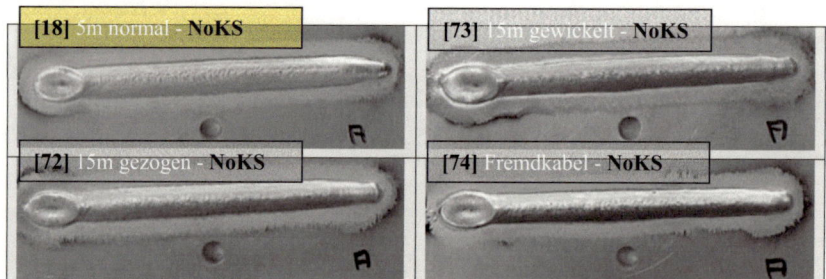

Abbildung-109: K3 mit kompensierten PP – Schweißnähte

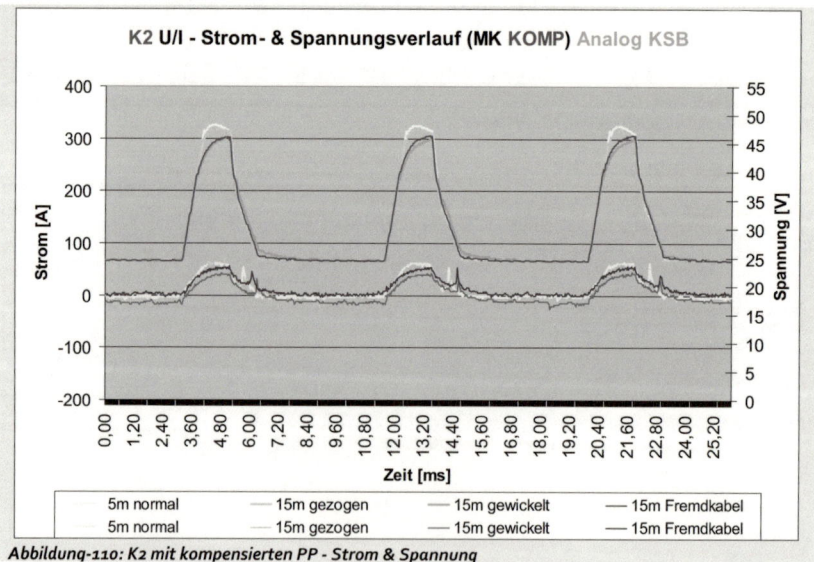

Abbildung-110: K2 mit kompensierten PP - Strom & Spannung

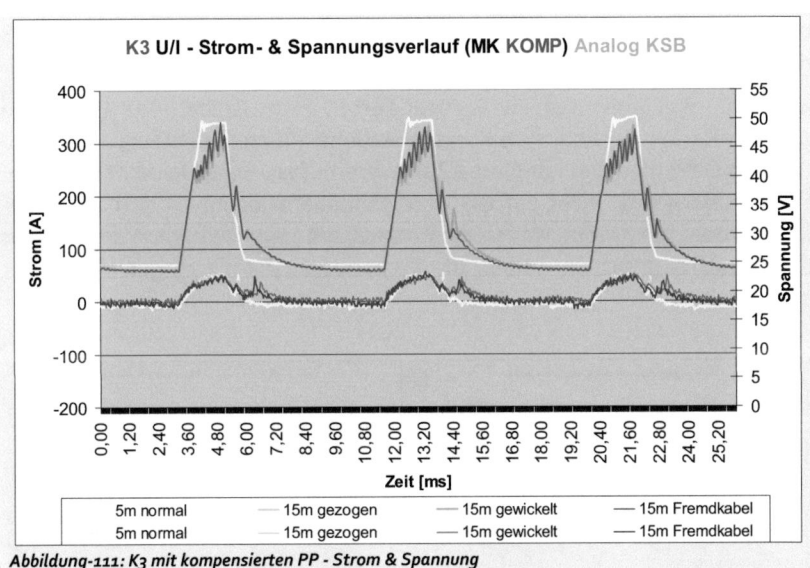

Abbildung-111: K3 mit kompensierten PP - Strom & Spannung

Nach der erfolgreichen Kompensation, wurden wieder bei beiden Karten ähnliche Schweißspannungen und -ströme gemessen. Im Falle der Karte2 wurde durch eine Kompensation mittels Erhöhung der Impulsspannung ein längerer Lichtbogen erzielt. Bei Karte3 bewirkte erst eine Reduzierung der Impulsspannung gemeinsam mit dem Grundstrom ein positives Schweißergebnis. Die Ursachen dafür könnten in der Regelungsstrategie der steilen Stromanstiegsregelung bei Karte3 liegen. Vermutungen gehen dahin, dass ähnlich wie bei der Kurzschlussbehandlung, die Regelung den steilen Stromanstieg in Abhängigkeit von Schweißstrom oder -spannung unterschiedlich anzieht.

Bei der Untersuchung der Schliffbilder konnte jeweils der Einbrand der Grundkonfigurationen wieder hergestellt werden (Abbildung-113). Der steilere Stromanstieg verlagert generell mehr Flächen in die Impulsspitze. In Zusammenhang mit dem niedrigeren Grundstrom ergab sich bei Schweißnaht 74, aufgrund der neuen Stromflächenverteilung ein etwas tieferer Einbrand, im Gegensatz zur Karte2.

Die in Abbildung-108 und Abbildung-109 dargestellten Schweißnähte, zeigen jeweils kurzschlussfreie Ergebnisse. Als sehr gut wurden dabei wieder der lineare Verlauf, der silbrige Glanz und die schmauchfreie Reinigungszone der Schweißnaht bewertet. Die Häufigkeitsverteilungen ergaben nach der Kompensation der Prozessparameter, bei beiden Karten relativ identische Messergebnisse ohne Streuung (Abbildung-114). Somit konnte wieder eine saubere

Tropfenablösung am Ende der fallenden Impulsflanke gesichert werden was ebenfalls zum positiven Schweißergebnis beitrug.

Vergleicht man aber mal die kompensierten Prozessparameter (U_S/I_S und U_P/I_G) der Karte2 mit und ohne Kurzschlussbehandlung (Tabelle-23 und Tabelle-28), so stellt man fast identische Zahlenwerte fest. Somit kann das sehr gute Schweißergebnis nicht auf die Kurzschlussbehandlung an sich zurückgeführt werden. Die Kompensation der Prozessparameter selber hat den Prozess kurzschlussfrei gesichert, sodass die Kurzschlussbehandlung gar nicht mehr eingreifen musste!

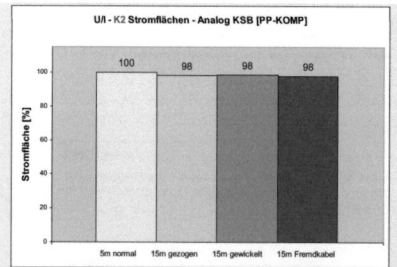 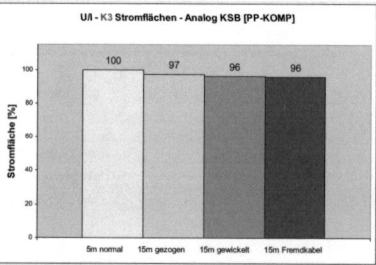

Abbildung-112: K2/K3 mit kompensierten PP - Stromflächen

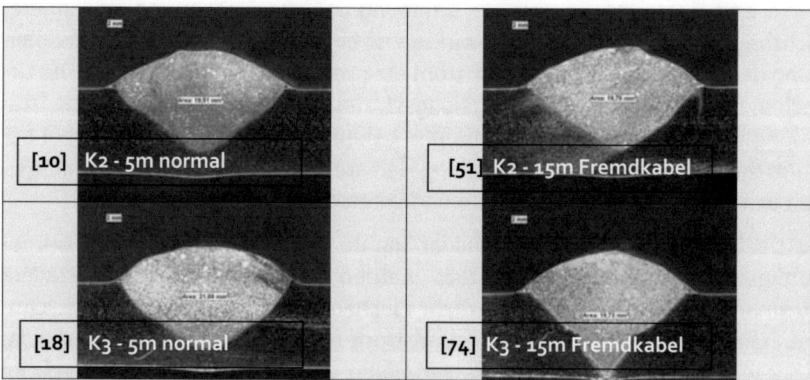

Abbildung-113: K2/K3 mit kompensierten PP – Schliffbilder

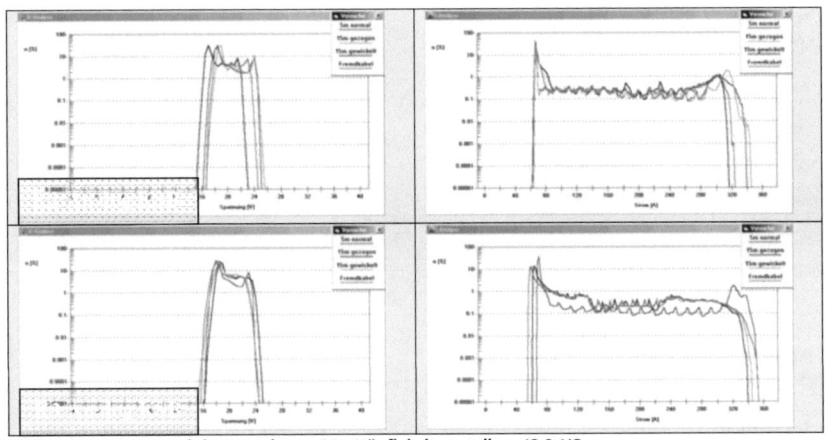

Abbildung-114: K2/K3 mit kompensierten PP - Häufigkeitsverteilung IS & US

5.2.3 Massekabeländerung - Analog NoKSB:

Zu den eben erläuterten Schweißkonfigurationen, wird in diesem Abschnitt noch einmal die analoge Konfiguration der Karte3 ohne Kurzschlussbehandlung zum Vergleich herangezogen. Diese Konfiguration wies auch mit Massekabellängenänderung ohne Kompensation im U/I-Bereich die besten kurzschlussfreien Ergebnisse auf. Die Stromfläche und ihre Verteilung, wie auch die Nahtquerschnittsfläche (Abbildung-115), die Tropfenablösung und die damit verbundenen Schweißnahtqualität, konnten bei dieser Konfiguration auch ohne Kompensation und Kurzschlussbehandlung, im Vergleich zur Grundkonfiguration ohne Massekabeländerung, nahezu konstant gehalten werden!

Auch konnte mit dieser Konfiguration gut gezeigt werden, dass nicht nur die Stromfläche entscheidend, sondern auch ein schmaler hoher Impuls vorteilhaft für eine saubere Tropfenablösung ist. In Tabelle-30 sind im Vergleich zur Tabelle-27 und Tabelle-29 bei jeder Massekabelkonfiguration höhere Impulsströmen (orange dargestellt) gemessen wurden. Die analoge Konfiguration mit Kurzschlussbehandlung, vor und nach der Kompensation der Karte3, verhinderte dagegen einen vergleichbaren Stromanstieg, aufgrund der schon vorhandenen Stromfläche am Ende der Impulsflanke durch den zugeschalteten L-Kennlinienregler. Somit wirkt die Kurzschlussbehandlung dem bei Karte3 neu entwickelten Stromanstieg nachteilig entgegen. Damit lässt sich auch das bei dieser Untersuchung schlechteste erzielte Schweißergebnis erklären.

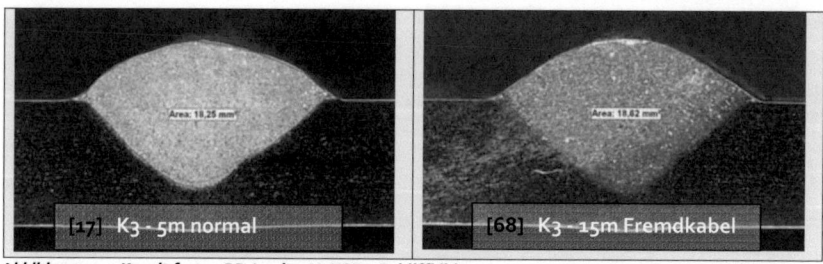

Abbildung-115: K3 mit festen PP Analog NoKSB – Schliffbilder

Analog NoKSB [PP-FEST]	v_D [m/min]	I_S [A]	U_S [V]	U_G [V]	U_P [V]	I_G [A]	I_P [A]	f_P [Hz]	t_P [ms]
5m normal	3,0	123	20,7	18,6	25,5	70	326	120	1,85
15m gezogen	3,0	121	20,6	19,0	25,5	70	301	120	1,85
15m gewickelt	3,0	128	21,9	19,3	25,5	70	320	120	1,85
Fremdkabel	3,0	128	21,4	18,8	25,5	70	332	120	1,85

Tabelle-30: K3 mit festen PP Analog NoKSB - Messwerte

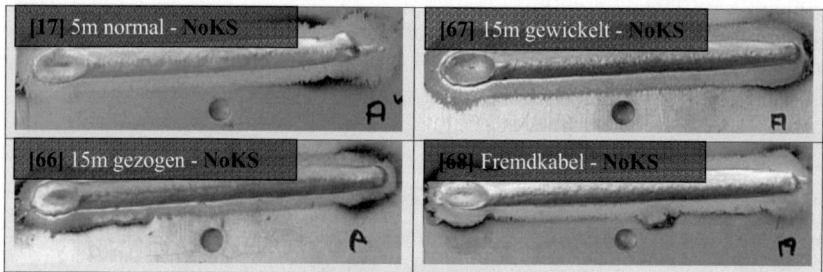

Abbildung-116: K3 mit festen PP Analog NoKSB - Schweißnähte

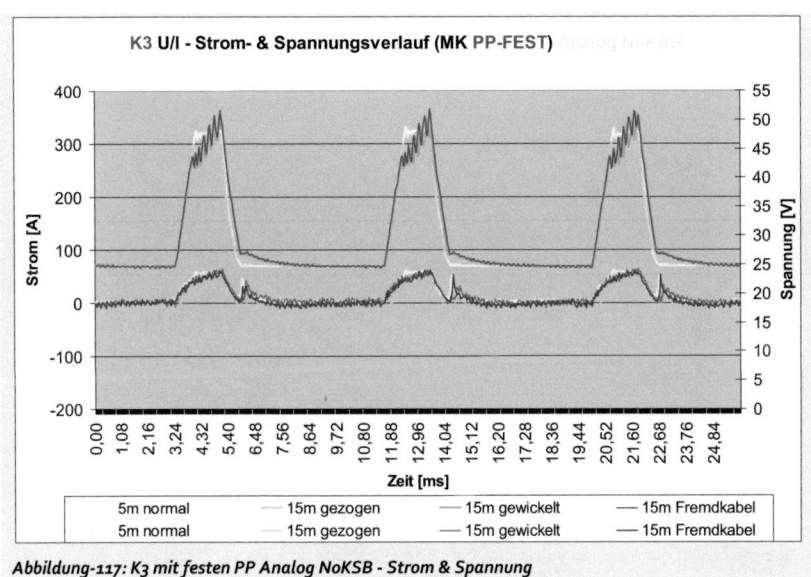

Abbildung-117: K3 mit festen PP Analog NoKSB - Strom & Spannung

Die in Abbildung-117 dargestellten Momentanwerte von Schweißstrom und -spannung liegen dicht beieinander. Ein Impuls gleicht dem anderen mit einer guten Wiederholbarkeit. Diese Tatsache spiegeln auch die Häufigkeitsverteilungen in Abbildung-118 wider. Mit Hilfe des steileren Stromanstieges und abgeschalteter Kurzschlussbehandlung, bei ändernder Massekabelkonfiguration verlief der Schweißprozess stabil und konstant. Mit zunehmenden Widerständen im Massekabel stieg parallel leicht der Impulsstrom an (Tabelle-30), was wiederum zum Anstieg des effektiven Schweißstromes führte. In Abbildung-119 ist noch einmal die Tendenz der Stromflächen bezüglich der jeweiligen Massekabelkonfiguration dargestellt.

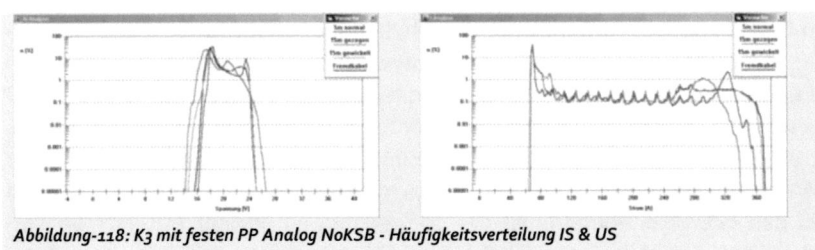

Abbildung-118: K3 mit festen PP Analog NoKSB - Häufigkeitsverteilung IS & US

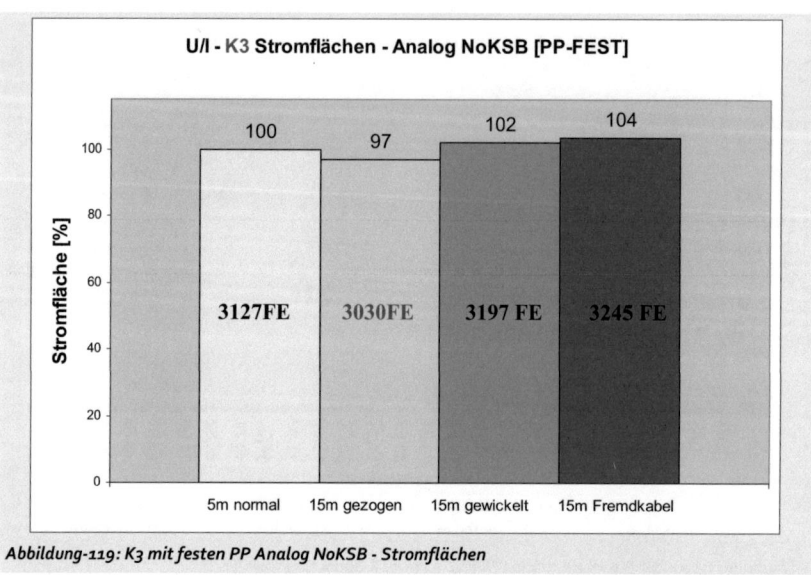

Abbildung-119: K3 mit festen PP Analog NoKSB - Stromflächen

5.3 I/I-Regelung - Übersicht:

Karte2/3	PP-Fest 5m normal	PP-Fest 15m gezogen	PP-Fest 15m gewickelt	PP-Fest Fremdkabel
Digital NoKSB	▼			
Digital KSB	▼			
Digital NoKSB	▶	▶	▶	▶
Digital KSB	▶	▶	▶	▶

Tabelle-31: Diagramme - Übersicht [I/I-Regelung]

5.3.1 Grundkonfigurationen: [I/I]

Im Gegensatz zur U/I-Regelung, war hierbei ein geringerer Aufwand notwendig, da nur digital mit einer Karte geschweißt werden brauchte. Bei der Erstellung der Prozessparameter für die Grundkonfigurationen der I/I-Regelung war es möglich, direkt an der Schweißstromquelle den Grund- und den Impulsstrom einzustellen. Die Grund- und die Impulsspannung ergab sich dann über den Lichtbogenwiderstand. Wie bereits in Abschnitt 4.7.2. erwähnt, bestand bei den Grundkonfigurationen der I/I-Regelung ein kleiner Unterschied zwischen den gewählten Impulsformen der Konfiguration mit und ohne Kurzschlussbehandlung. Die Flanken der Konfiguration mit Kurzschlussbehandlung steigen und fallen etwas steiler im Gegensatz zur Konfiguration ohne Kurzschlussbehandlung. Ebenfalls sind aufgrund dieser Unterschiede bei der Prozessparameterfindung die Grund- und Impulsströme bei der ersten Konfiguration etwas höher ausgefallen. Diese fehlende Stromfläche gleicht die zweite Konfiguration ohne Kurzschlussbehandlung durch einen flacheren Abfall in die Grundstromphase aus. Damit ist noch einmal gut zu sehen, dass trotz einiger Flankenunterschiede der beiden Impulsformen mit Hilfe der Prozessparameterfindung fast identische Stromflächen mit hohen schmalen Impulsen erzeugt wurden, mit gleich guten Schweißergebnissen. Daher wurde bei allen Untersuchungen von einer neuen Parameterfindung mit identischen Impulsformen beider Grundkonfiguration abgesehen. In Abbildung-120 sind dazu beide Schweißkonfigurationen wieder übereinander gelegt. Damit lassen sich die Impulsformunterschiede leicht feststellen.

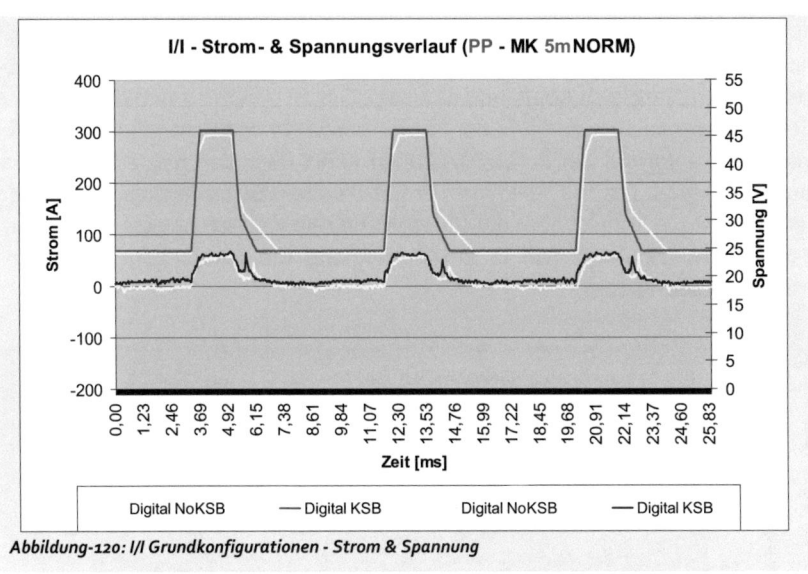

Abbildung-120: I/I Grundkonfigurationen - Strom & Spannung

5.3.2 Massekabeländerung - Digital NoKSB:

Mitarbeiter von BMW in Dingolfing, äußerten bereits zu Beginn dieser Untersuchung, vorteilhafte Erfahrungen im Bereich der I/I-Regelung im Vergleich zur U/I-Regelung gemacht zu haben. Leider existierten aber bisher, wie auch bezüglich der Schweißkonfigurationen der U/I-Regelung, keine umfangreichen vergleichenden Untersuchungen der Konfigurationen untereinander. Aus diesem Grund wurden die nachstehenden Schweißkonfigurationen kritischer betrachtet, um Vor- und Nachteile besser zu analysieren.

Die ersten Untersuchungen ohne Kurzschlussbehandlung bei 15m gewickeltem Massekabel und 15m gewickeltem Fremdkabel, verliefen anfänglich ebenfalls mit den festen Prozessparametern aus den Grundkonfigurationen mit 5m Massekabel. Leider wurden dabei festgestellt, dass der Lichtbogen etwas zu kurz ausgefallen war und sich während der Aufzeichnungen von Schweißstrom und -spannung, wie auch bei der U/I-Regelung Kurzschlüsse ergaben. Wie bereits erwähnt, verursachen Kurzschlüsse Spannungsschwankungen (Abbildung-122). In Abbildung-126 sind dazu, in Bezug auf die jeweilige kurzschlussbehaftete Massekabelkonfiguration, die Streuungen der Häufigkeitsverteilungen der einzelnen Prozessspannungen gut zu erkennen. Wiederum bestätigen die sehr guten optischen Schweißnähte (Abbildung-124) die Theorie, dass vereinzelte Kurzschlüsse das Schweißnahtergebnis nicht sonderlich beeinflussen.

Die anschließende Kompensation zur Kurschlussauflösung durch Erhöhung von Grund- und Impulsstrom, gestaltete sich recht unkompliziert und war mit einem sehr positiven Schweißstrom- und -spannungsverlauf relativ zügig abgeschlossen (Vergleich Abbildung-122/123). Gut zu erkennen sind dabei wieder die deckungsgleichen Verläufe der Momentanwerte von Schweißstrom- und -spannung, aufgrund der kurzschlussfreien Fahrt über den gemessenen Zeitraum von 25ms. Die in Abbildung-127 gemessenen Stromflächen, bestätigen den konstanten Impulsstrom der I/I-Regelung und sind ein Beweis für die konstante Schweißnahtqualität in Zusammenhang mit einem konstanten Einbrand (Abbildung-125).

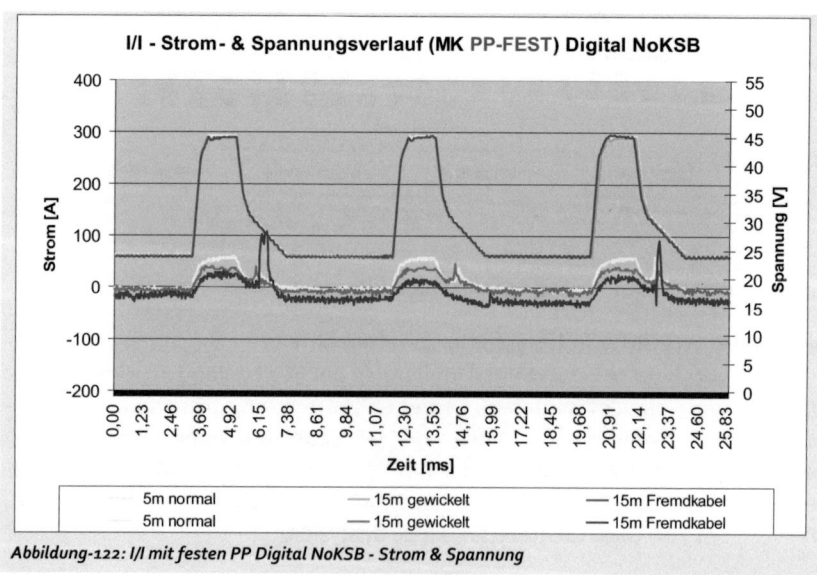

Abbildung-122: I/I mit festen PP Digital NoKSB - Strom & Spannung

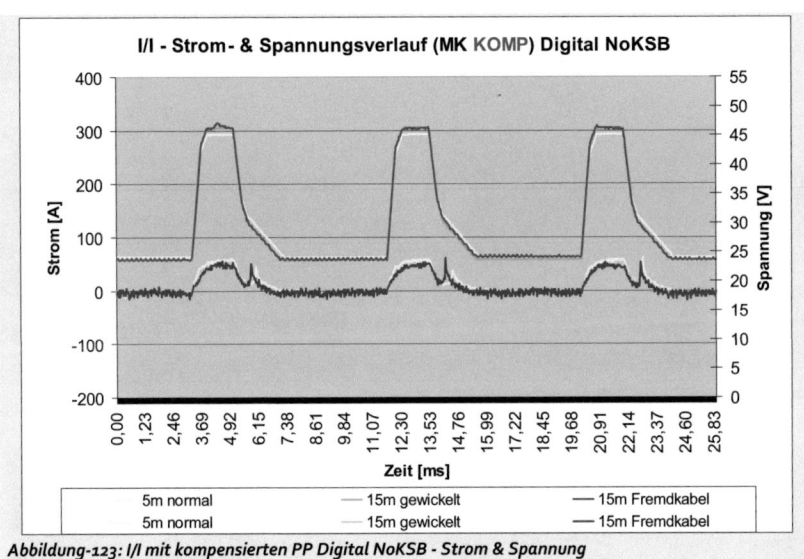

Abbildung-123: I/I mit kompensierten PP Digital NoKSB - Strom & Spannung

Digital NoKSB	v_D	I_S	U_S	U_G	U_P	I_G	I_P	f_P	t_P
	[m/min]	[A]	[V]	[V]	[V]	[A]	[A]	[Hz]	[ms]
PP-FEST									
5m normal	3,0	117	20,5	18,2	25,2	70	300	120	1,80
15m gewickelt	3,0	108	20,7	18,6	27,1	70	300	120	1,80
Fremdkabel	3,0	118	19,8	17,8	26,0	70	300	120	1,80
PP-KOMP									
15m gewickelt	3,0	122	20,4	18,2	28,2	80	325	120	1,80
Fremdkabel	3,0	123	20,4	18,0	27,2	85	330	120	1,80

Tabelle-32: I/I Digital NoKSB - Messwerte

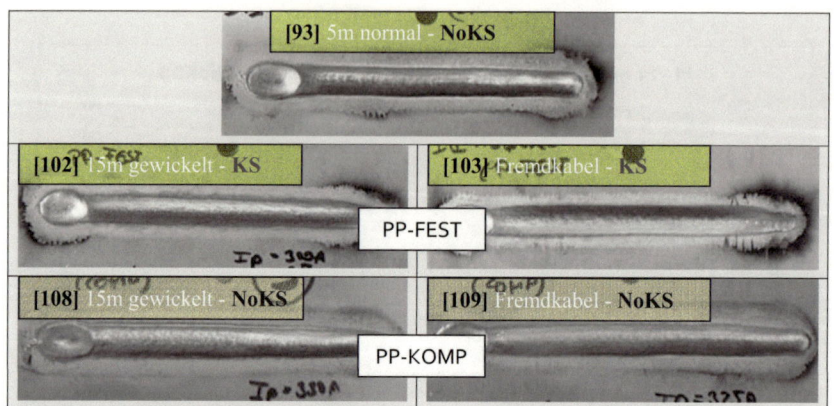

Abbildung-124: I/I Digital NoKSB - Schweißnähte

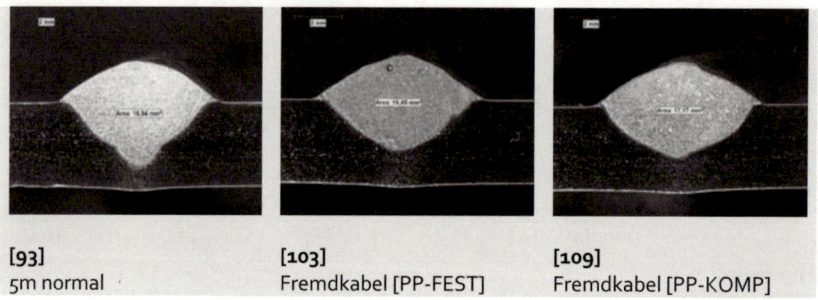

[93]
5m normal

[103]
Fremdkabel [PP-FEST]

[109]
Fremdkabel [PP-KOMP]

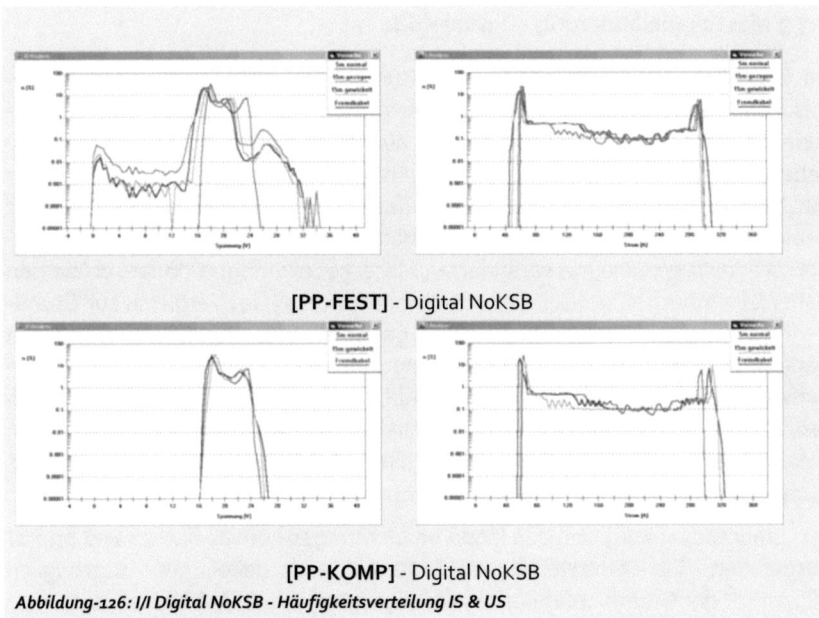

Abbildung-126: I/I Digital NoKSB - Häufigkeitsverteilung IS & US

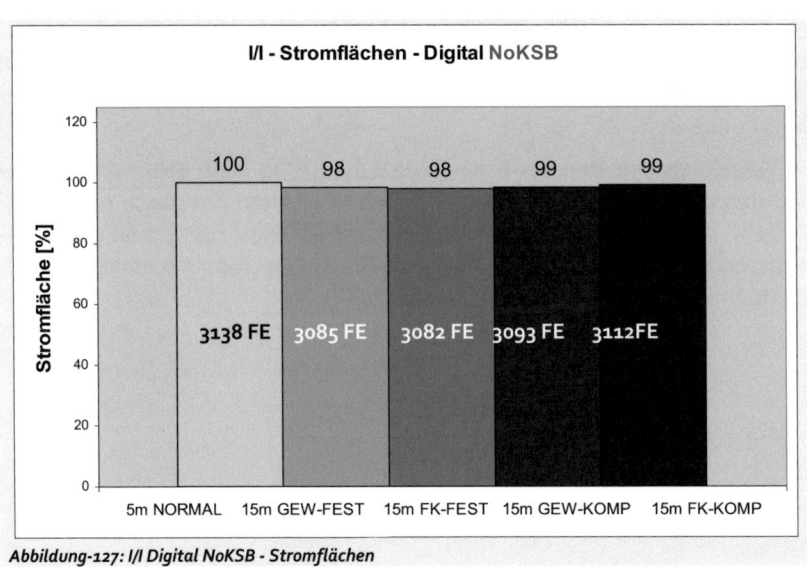

Abbildung-127: I/I Digital NoKSB - Stromflächen

5.3.3 Massekabeländerung - Digital KSB:

Im Gegensatz zur Konfiguration ohne Kurzschlussbehandlung, wurde bei zugeschalteter Kurzschlussbehandlung festgestellt, dass der zwar kurzschlussfreie Lichtbogen wieder etwas zu lang ausfiel. In Abbildung-128 ist schön zu sehen, wie die Kurzschlussbehandlung gemeinsam mit dem L-Kennlinienregler die Verschleifung in die Grundstromphase durch Spannungsüberschwinger beeinflusst und damit die Stromfläche nachteilig vergrößert. Alle nachfolgenden Schweißversuche mit veränderten Massekabelkonfigurationen, erreichten daher Stromflächen größer als 100% (Abbildung-133) im Vergleich zur Grundkonfiguration mit nur 5m Massekabel gezogen. Diese Entwicklung hat sich dann in Form von leichten Spritzern und einzelnen Schmauchspuren auf der Schweißnaht selber feststellen lassen (Abbildung-130). Noch einmal zur Erläuterung; alle Schweißkonfiguration mit hellgrüner Beschriftung repräsentieren Schweißnähte mit festen Parametern, hingegen die beige unterlegten Konfigurationen diejenigen sind nach der Kompensation.

Der Einbrand ist aufgrund des längeren Lichtbogens etwas flacher und breiter ausgefallen. Die Nahtquerschnittsfläche hat sich dabei, von ursprünglich 18,42mm^2 der Grundkonfiguration, auf 20,14mm^2 erhöht (Abbildung-131).

Daher war auch bei diesen Schweißkonfigurationen eine Kompensation erforderlich. Jedoch musste zur Verkürzung des Lichtbogens nun Grund- und Impulsstrom wieder reduziert werden, im Falle der Fremdkabelkonfiguration auf bis zu 275A (Tabelle-33). Auch diese Parameteranpassung verlief sehr unkompliziert ohne weitere Probleme.

Das Regelungsverhalten der Kurzschlussbehandlung blieb aber während der fallenden Impulsflanke am Ende des Impulses erhalten (Vergleich Abbildung-128/129). Auf Grund der erläuterten kurzschlussfreien Fahrt, sind die Spannungsverläufe und deren Häufigkeitsverteilungen, nach der Kompensation nahezu identisch geblieben (Abbildung-132).

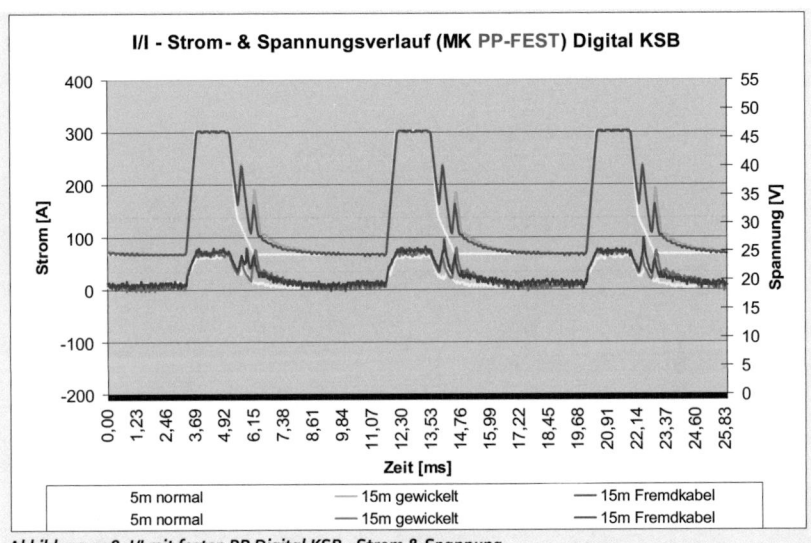

Abbildung-128: I/I mit festen PP Digital KSB - Strom & Spannung

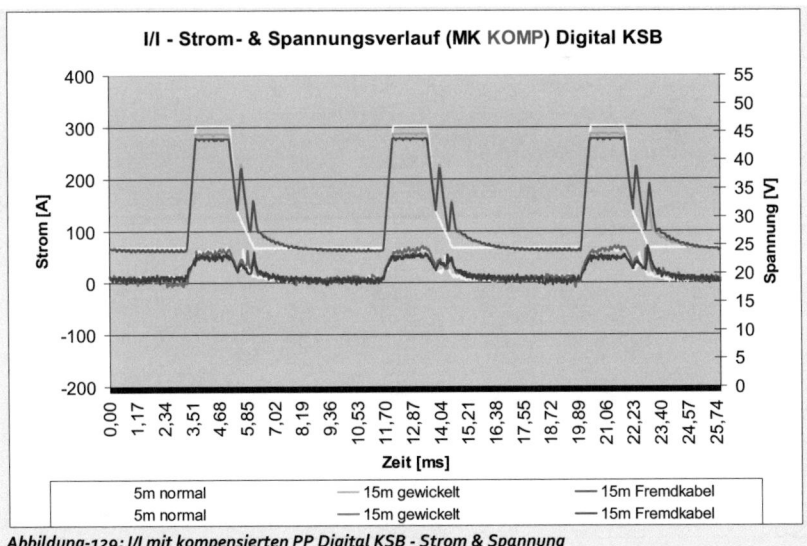

Abbildung-129: I/I mit kompensierten PP Digital KSB - Strom & Spannung

Digital KSB	v_D [m/min]	I_S [A]	U_S [V]	U_G [V]	U_P [V]	I_G [A]	I_P [A]	f_P [Hz]	t_P [ms]
PP-FEST									
5m normal	3,0	122	20,7	18,9	26,4	65	300	120	1,85
15m gewickelt	3,0	136	23,0	20,2	34,0	65	300	120	1,85
Fremdkabel	3,0	135	23,4	20,6	33,9	65	300	120	1,85
PP-KOMP									
15m gewickelt	3,0	127	22,1	19,4	32,2	60	285	120	1,85
Fremdkabel	3,0	126	22,0	19,6	30,6	60	275	120	1,85

Tabelle-33: I/I Digital KSB - Prozessparameter

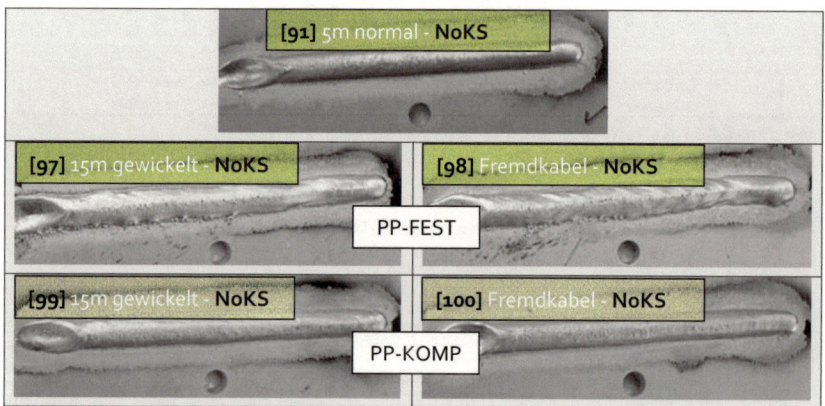

Abbildung-130: I/I Digital KSB - Schweißnähte

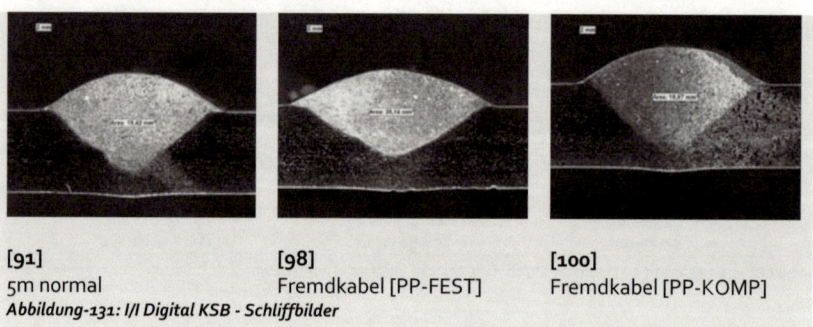

[91]
5m normal

[98]
Fremdkabel [PP-FEST]

[100]
Fremdkabel [PP-KOMP]

Abbildung-131: I/I Digital KSB - Schliffbilder

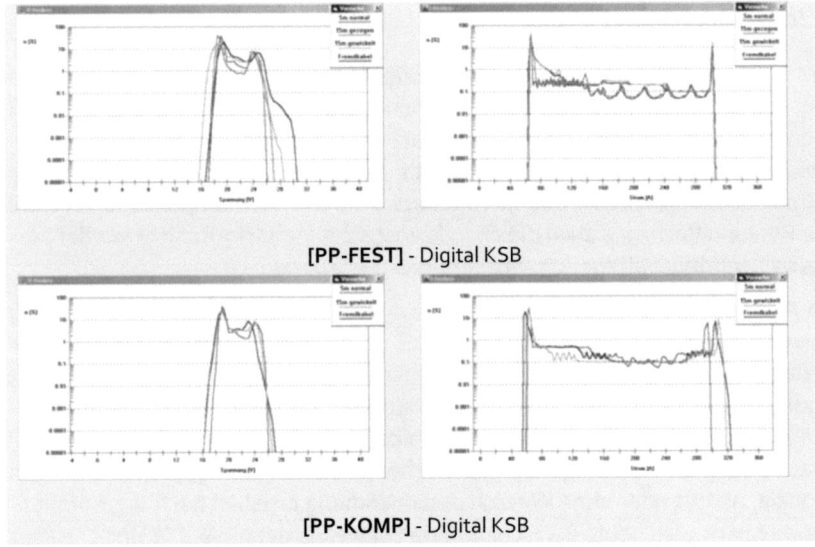

Abbildung-132: I/I Digital KSB - Häufigkeitsverteilung IS & US

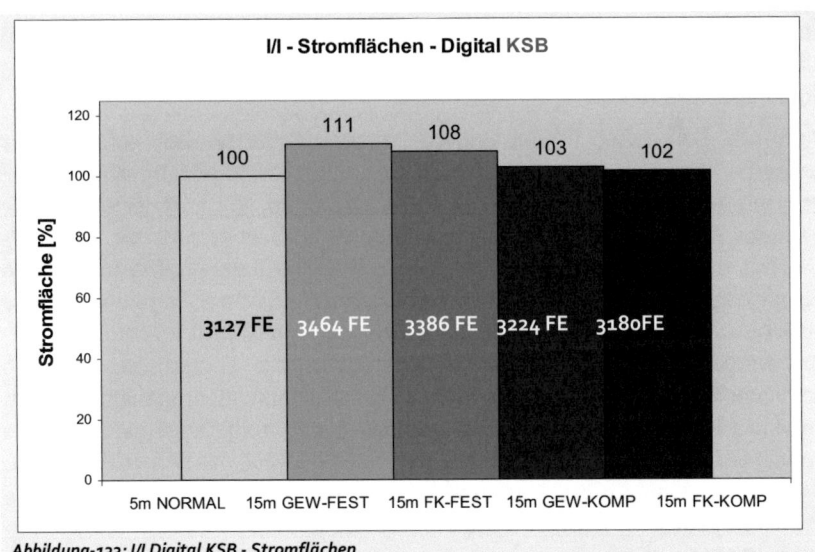

Abbildung-133: I/I Digital KSB - Stromflächen

6 Zusammenfassung

Die Grundkonfiguration der U/I-Regelung ergaben bereits Unterschiede bei der digitalen Signalerzeugung, in Sachen Lichtbogenstabilität. Die digitalen Signale wiesen bei unkompensierten Parametern in Bezug auf ändernde Massekabelkonfigurationen, sowohl mit als auch ohne Kurzschlussbehandlung immer Kurzschlüsse auf. Ebenfalls konnte während der Kompensation sowohl die Referenzfläche als auch die charakteristische Impulsform nicht wieder hergestellt werden, gefolgt von sehr sensiblen Lichtbögen.

Im Analogen Bereich waren die Schweißnähte ohne Kurzschlussbehandlung zwar kurzschlussbehaftet, konnten aber recht gute Schweißnahtergebnisse erzielen. Im Falle der Karte3 wurde dabei das beste Schweißergebnis erzielt ohne Kompensation. Der steilere Stromanstieg der Karte3 hatte aber wiederum mit Kurzschlussbehandlung das schlechteste Schweißergebnis hervorgebracht, aufgrund der gegeneinander arbeitenden Regelungen. Alle analogen Signale, ob mit oder ohne Kurzschlussbehandlung ergaben nach der Kompensation relativ gleichgute kurzschlussfreie Schweißergebnisse. Die Ursache liegt darin, dass durch die Kompensation und der damit verbundenen Erhöhung der Stromfläche, die Wirkung der Kurzschlussbehandlung minimiert wurde. Nur der L-Kennlinienregler war weiterhin aktiv und verlagerte teilweise nachteilig die benötigte Stromfläche zum Ende der Impulsphase, was zur Reduzierung der Impulshöhe führte.

Beim MIG-Schweißen führen längere Stromverbindungskabel, aufgrund der größeren Widerstände, zu Stromeinbrüchen und Lichtbogenlängenverkürzungen, mit teilweise kurzschlussbehafteten Lichtbögen. Nun war der eigentliche Sinn der Kurzschlussbehandlung gewesen, einen bestehenden Schweißprozess mit festen Parametern, an ändernde Zustände kurzschlussfrei anzupassen bei gleichgute Schweißnahtergebnissen. Diese Absicht der Regelung, konnte aber bei dieser Untersuchung im U/I-Bereich nicht bestätigt werden. Die Versuche ergaben, dass die Kurzschlussbehandlung zwar Kurzschlüsse teilweise verhinderte, jedoch konnten die von der Lichtbogenlängenregelung entstandene Lichtbogeninstabilitäten, nicht schnell genug aufgefangen werden. Die entstandenen Überschwinger reduzierten dann deutlich das Schweißergebnis. Da somit einzelne Kurzschlüsse nachweißlich das Schweißergebnis nicht sonderlich negativ beeinflussen, wäre ein kurzschlussbehafteter aber stabiler Impulslichtbogen ohne Kurzschlussbehandlung einem kurzschlussfreien instabilen Lichtbogen vorzuziehen.

In Bezug auf die Lichtbogenlängenregelung, wurden mit Hilfe der I/I-Regelung im Gegensatz zur U/I-Regelung, in kürzerer Zeit optimale Prozessparameter für saubere Schweißnähte erstellt. Die Ursache dafür liegt einfach in der Regelung selber begründet, mit der die benötigte Stromfläche zur sauberen Tropfenablösung ohne Probleme, nahezu verlustlos direkt über den Impulsstrom an der Stromquelle eingestellt werden kann. Bei Änderungen der Massekabelkonfiguration wird dann der Impulsstrom, gemeinsam mit der Lichtbogenlänge über eine äußere Regelung durch Erhöhung der Impulsspannung über aktive Änderung von Prozessparameter annähernd konstant gehalten Die Konfiguration mit Kurzschlussbehandlung hatte Stromfläche über die abfallende Impulsflanke dazu addiert mit nachteiligen Schweißnahtergebnissen. Damit ist auch bei der I/I-Regelung, die von der Firma CLOOS entwickelte Kurzschlussbehandlung eher nachteilig.

Wie zu Beginn der Versuchsauswertung erläutert, arbeitet die I/I-Regelung unabhängig von der jeweilig installierten Hauptplatine der Schweißstromquelle. Zwar waren die Schweißergebnisse der Karte3 (Analog NoKSB) am Besten, jedoch aus Gründen der Wirtschaftlichkeit wäre eine Umrüstung von U/I auf I/I in der Fertigung vorteilhafter, da keine zusätzliche Hardware erforderlich wäre. In Abbildung-135/136 sind die Schweißergebnisse, einmal vom alten Stand im Vergleich zum nun erprobten umgerüsteten Stand auf I/I-Regelung ohne Kurzschlussbehandlung direkt in der Fertigung an einer Vorderachsträgerkomponente dargestellt. Die erreichten Schweißnahtergebnisse bestätigen abschließend noch einmal sehr deutlich die in dieser Untersuchung erzielten Schweißerkenntnisse.

Konfiguration				Lichtbogen		Impulsform	Strom	Schweißnaht		Schliffbild		Versuch
				Länge	KS		Fläche	Regelmäßigkeit	Note	Einbrand	$A_{\emptyset Naht}$	
5m normal							[FE]				[mm²]	
	K2	Analog	NoKSB	kurz & stabil	NoKS	hoch & schmal	3126	homogen	1	3/5	17,8	9
			KSB	kurz & stabil	NoKS	hoch & schmal	3188	homogen	1	3/5	19,5	10
		Digital	NoKSB	kurz & stabil	NoKS	etwas flach	3056	homogen	1	3/5	17,4	12
			KSB	kurz & stabil	NoKS	etwas flach	3243	homogen	1	3/5	20,9	13
	K3	Analog	NoKSB	kurz & stabil	NoKS	hoch & schmal	3127	homogen	1	3/5	18,3	17
			KSB	kurz & stabil	NoKS	hoch & schmal	3260	homogen	1	3/5	21,1	18
		Digital	NoKSB	kurz & stabil	NoKS	etwas flach	3181	homogen	1	3/5	18,3	20
			KSB	kurz & stabil	NoKS	etwas flach	3179	homogen	1	3/5	19,3	21
15m gewickelt PP-FEST	U/I						[%]				[%]	
	K2	Analog	NoKSB	zu kurz	KS	flach & schmal	89	homogen	2	1/3	72	39
			KSB	kurz & stabil	NoKS	flach & breit	100	befriedigend	3	-	-	47
		Digital	NoKSB	zu kurz	KS	flach & schmal	92	inhomogen	4	1/3	78	53
			KSB	zu kurz	KS	flach & breit	94	homogen	2	-	-	61
	K3	Analog	NoKSB	kurz & stabil	NoKS	hoch & schmal	102	homogen	1	-	-	67
			KSB	kurz & stabil	NoKS	hoch & schmal	101	inhomogen	5	-	-	70
		Digital	NoKSB	zu kurz	KS	flach & schmal	92	befriedigend	3	-	-	76
			KSB	zu kurz	KS	flach & breit	94	homogen	2	-	-	84
15m gewickelt PP-KOMP	U/I											
	K2	Analog	NoKSB	kurz & stabil	NoKS	hoch & schmal	101	homogen	1	-	-	43
			KSB	kurz & stabil	NoKS	hoch & schmal	98	homogen	1	-	-	50
		Digital	NoKSB	sensibel	NoKS	flach & schmal	102	homogen	1	-	-	57
			KSB	kurz & stabil	NoKS	flach & schmal	90	homogen	1	-	-	64
	K3	Analog	NoKSB	-	-	-	-	homogen	1	-	-	-
			KSB	kurz & stabil	NoKS	hoch & schmal	96	homogen	1	-	-	73
		Digital	NoKSB	sensibel	NoKS	flach & schmal	99	homogen	1	-	-	81
			KSB	kurz & stabil	NoKS	flach & schmal	98	homogen	1	-	-	86
Analog KSB PP-FEST	U/I											
	K2	5m normal		kurz & stabil	NoKS	hoch & schmal	3188	homogen	1	3/5	19,5	10
		15m gezogen		zu kurz	KS	hoch & schmal	97	inhomogen	4	-	-	46
		15m gewickelt		kurz & stabil	NoKS	flach & breit	100	befriedigend	3	-	-	47
		15 Fremdkabel		kurz & stabil	NoKS	flach & breit	94	homogen	2	1/2	77	48
	K3	5m normal		kurz & stabil	NoKS	hoch & schmal	3260	homogen	1	3/5	21,1	18
		15m gezogen		zu kurz	KS	hoch & schmal	93	befriedigend	3	-	-	69
		15m gewickelt		kurz & stabil	NoKS	hoch & schmal	101	inhomogen	5	-	-	70
		15 Fremdkabel		kurz & stabil	NoKS	hoch & schmal	97	inhomogen	4	1/2	92	71
Analog KSB PP-KOMP	U/I											
	K2	5m normal		kurz & stabil	NoKS	hoch & schmal	3188	homogen	1	3/5	19,5	10
		15m gezogen		kurz & stabil	NoKS	hoch & schmal	98	homogen	1	-	-	49
		15m gewickelt		kurz & stabil	NoKS	hoch & schmal	98	homogen	1	-	-	50
		15 Fremdkabel		kurz & stabil	NoKS	hoch & schmal	98	homogen	1	>3/5	102	51
	K3	5m normal		kurz & stabil	NoKS	hoch & schmal	3260	homogen	1	3/5	21,1	18
		15m gezogen		kurz & stabil	NoKS	hoch & breit	97	homogen	1	-	-	72
		15m gewickelt		kurz & stabil	NoKS	hoch & breit	96	homogen	1	-	-	73
		15 Fremdkabel		kurz & stabil	NoKS	hoch & breit	96	homogen	1	>3/5	93	74
Analog NoKSB PP-FEST	U/I											
	K3	5m normal		kurz & stabil	NoKS	hoch & schmal	3127	homogen	1	3/5	18,3	17
		15m gezogen		kurz & stabil	NoKS	hoch & schmal	97	homogen	1	-	-	66
		15m gewickelt		kurz & stabil	NoKS	hoch & schmal	102	homogen	1	-	-	67
		15 Fremdkabel		etwas lang	NoKS	hoch & schmal	104	homogen	1	>3/5	102	68

Tabelle-34: U/I-Regelung - Zusammenfassung

Konfiguration			Lichtbogen		Impulsform	Strom	Schweißnaht		Schliffbild		Versuch
			Länge	KS		Fläche	Regelmäßigkeit	Note	Einbrand	$A_{\emptyset Naht}$	
5m normal	I/I					[FE]				[mm²]	
		NoKSB	kurz & stabil	NoKS	hoch & schmal	3127	homogen	1	3/5	16,9	93
		KSB	kurz & stabil	NoKS	hoch & schmal	3138	homogen	1	3/5	18,4	91
15m gewickelt PP-FEST	I/I					[%]				[%]	
		NoKSB	etwas kurz	KS	hoch & schmal	98	homogen	2	-	-	102
		KSB	zu lang	NoKS	hoch & schmal	111	inhomogen	4	-	-	97
15m gewickelt PP-KOMP	I/I										
		NoKSB	kurz & stabil	NoKS	hoch & schmal	99	homogen	1	-	-	108
		KSB	kurz & stabil	NoKS	hoch & schmal	103	homogen	1	-	-	99
15m Fremdkabel PP-FEST	I/I										
		NoKSB	etwas kurz	KS	hoch & schmal	98	homogen	2	1/2	98	103
		KSB	zu lang	NoKS	hoch & schmal	108	inhomogen	4	1/2	109	98
15m Fremdkabel PP-KOMP	I/I										
		NoKSB	kurz & stabil	NoKS	hoch & schmal	99	homogen	1	>3/5	102	109
		KSB	kurz & stabil	NoKS	hoch & schmal	102	homogen	1	>3/5	103	100

Tabelle-35: I/I-Regelung - Zusammenfassung

Sehr gut/gut befriedigend
ausreichend/mangelhaft

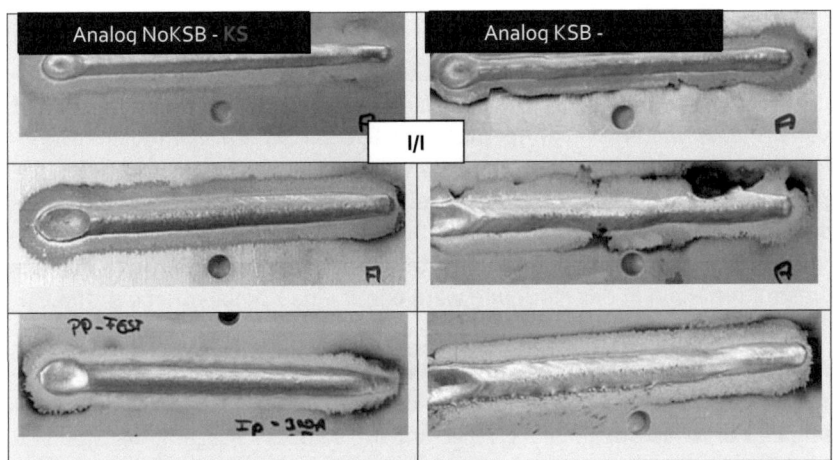

Abbildung-134: KSB mit festen PP 15m gewickelt – Schweißnähte

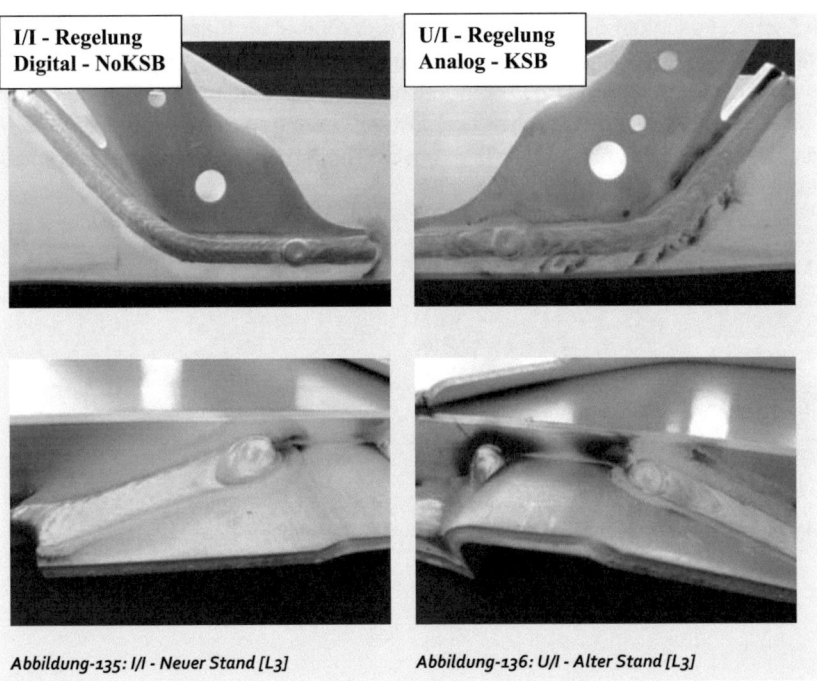

Abbildung-135: I/I - Neuer Stand [L3]   Abbildung-136: U/I - Alter Stand [L3]

7 Fazit

Obwohl die in der Fertigung geschweißten Nähte schon relativ gute Schweißergebnisse erzielten, konnte mit dieser Untersuchung noch einmal gezeigt werden, dass weiterhin Optimierungen in Sachen Schweißnahtqualität möglich sind. Die wichtigsten Komponenten sind dabei der Brenner, das Schutzgasgemisch und die verwendete Schweißstromquelle. Deutlich war die Reduzierung der Schmauchspuren auf den Schweißnähten bei allen drei Optimierungen, aufgrund des stabileren Lichtbogens zu erkennen. Für eine nächste Umstrukturierung in der Fertigung wäre damit eine Kombination der drei Optimierungen sehr interessant.

Im Falle, weiteren Interesses an der Kurzschlussbehandlung, wäre eine Optimierungsidee über die Regelparameter der RPA-Datei die Strategie der bestehenden Kurzschlussbehandlung zu verändern, so dass insgesamt die Stabilität des Lichtbogens immer Vorrang gegenüber der Kurzschlussauflösung behält. Dies könnte eventuell für eine andere Untersuchung interessant sein.

In Sachen Festigkeit und Haltbarkeit werden Aluminiumfügeverbindungen mit Hilfe des MIG-Schweißprozesses immer ihre Daseinsberechtigung im Automobilbau haben. Aber auch umfangreiche Untersuchungen zum Einsatz neuer Fügeverfahren, wie z.B. Klebe- und Lötverbindungen könnten in naher Zukunft zusätzlich interessant werden, um die momentanen Fertigungskosten zu reduzieren.

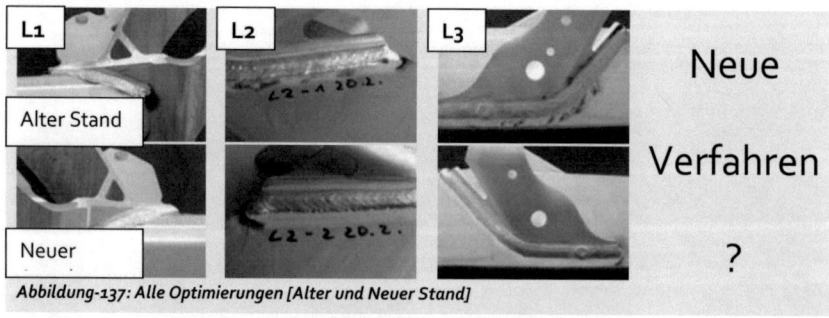

Abbildung-137: Alle Optimierungen [Alter und Neuer Stand]

Anlagen

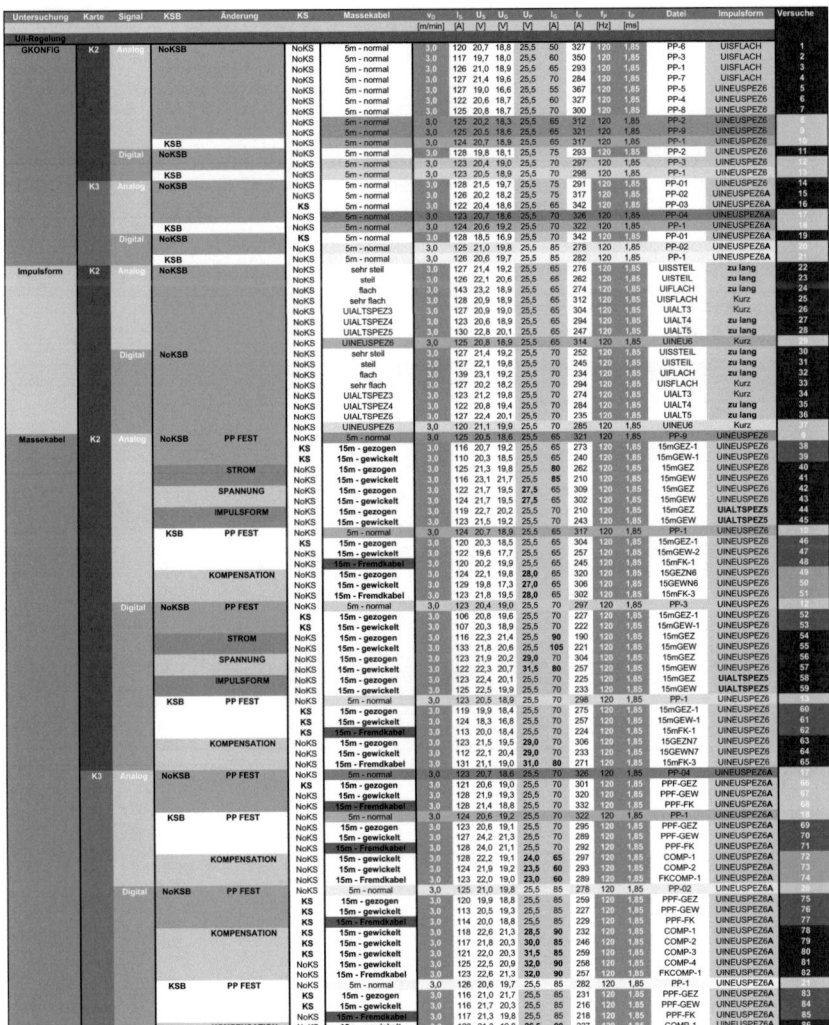

Tabelle-36: U/I-Regelung - Alle gefahrenen Versuche

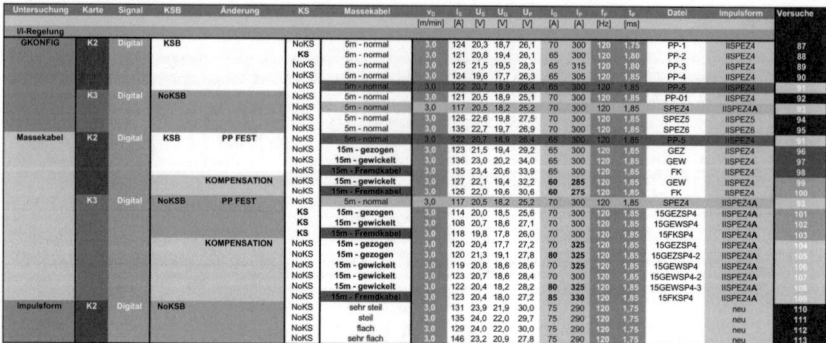

Tabelle-37: I/I-Regelung - Alle gefahrenen Versuche

ZEILE	U/I-Regelung		Regler	I/I-Regelung		Regler
	Werte			Werte		
	K2	K3		K2	K3	
	KSB	NoKSB		KSB	NoKSB	
	// Prozess	// Prozess		// Prozess	// Prozess	
1	370	370	GwtIPulsMax	1000	1000	GwtIMax
2	1000	1000	GwtIMax	-5	-5	GwtRegILiboMin
3	0	0	GwtRegUPulsMin	10	10	GwtRegILiboMax
4	250	250	GwtRegUPulsMax	-30	-30	GwtRegFLiboMin
5	200	50	GwtRegBasis	40	40	GwtRegFLiboMax
6	800	1	GwtRegKurz	100	25	GwtRegBasis
7	25	25	ParKpUPuls	300	1	GwtRegKurz
8	20	20	ParTnUPuls	2	2	ParKpILibo
9	40	40	ParTauUPuls	0	0	ParTnILibo
10	160	160	SwtUBasis	10	10	ParTauILibo
11	200	200	ParKpBasis	50	50	ParKpFLibo
12	100	100	ParTauBasis	0	0	ParTnFLibo
13	80	80	SwtUKurz	140	140	SwtUBasis
14	10	10	ParHystKurz	55	55	ParKpBasis
15	10	10	ParHystKurzT	100	100	ParTauBasis
16	100	100	ParTauKurzS	80	80	SwtUKurz
17	1	1	ParTauKurzF	10	10	ParHystKurz
18				10	10	ParHystKurzT
19				10	10	ParTauKurzS
20				10	10	ParTauKurzF
	// Zünden	// Zünden		// Zünden	// Zünden	
21	180	180	SchwelleU	150	150	SchwelleU
22	20	20	SchwelleI	20	20	SchwelleI
23	130	130	Delay	150	150	Delay
24	500	500	MaxStopTime	500	500	MaxStopTime
25	800	800	GwtIPulsMax	800	800	GwtIMax
26	1000	1000	GwtIMax	-30	-30	GwtRegILiboMin
27	-100	-100	GwtRegUPulsMin	30	30	GwtRegILiboMax
28	200	200	GwtRegUPulsMax	-10	-10	GwtRegFLiboMin
29	100	100	GwtRegBasis	10	10	GwtRegFLiboMax

Tabelle-38: RPA-Regler - Teil1

ZEILE	U/I-Regelung		Regler	I/I-Regelung		Regler
	Werte			Werte		
	K2 KSB	K3 NoKSB		K2 KSB	K3 NoKSB	
	// Zünden	// Zünden		// Zünden	// Zünden	
30	800	800	GwtRegKurz	200	200	GwtRegBasis
31	75	75	ParKpUPuls	800	800	GwtRegKurz
32	0	0	ParTnUPuls	0	0	ParKplLibo
33	100	100	ParTauUPuls	0	0	ParTnILibo
34	160	160	SwtUBasis	10	10	ParTauILibo
35	55	55	ParKpBasis	0	0	ParKpFLibo
36	1	1	ParTauBasis	0	0	ParTnFLibo
37	100	100	SwtUKurz	140	140	SwtUBasis
38	20	20	ParHystKurz	55	55	ParKpBasis
39	1	1	ParHystKurzT	100	100	ParTauBasis
40	10	10	ParTauKurzS	80	80	SwtUKurz
41	100	100	ParTauKurzF	10	10	ParHystKurz
42				50	50	ParHystKurzT
43				10	10	ParTauKurzS
44				10	10	ParTauKurzF
	// Freibrand	// Freibrand		// Freibrand	// Freibrand	
45	400	400	FreiVd	400	400	FreiVd
46	0	0	FreiFstart	0	0	FreiFstart
47	50	50	FreiF	60	60	FreiF
48	40	40	FreiIg	40	40	FreiIg
49	230	230	FreiTp	200	200	FreiTp
50	280	280	FreiIp	300	300	FreiIp
51	2	2	FreiPulsform	2	2	FreiPulsform
52	1000	1000	GwtIMax	1000	1000	GwtIMax
53	100	100	GwtRegBasis	100	100	GwtRegBasis
54	100	100	GwtRegKurz	100	100	GwtRegKurz
55	140	140	SwtUBasis	140	140	SwtUBasis
56	55	55	ParKpBasis	55	55	ParKpBasis
57	100	100	ParTauBasis	100	100	ParTauBasis
58	100	100	SwtUKurz	100	100	SwtUKurz
59	15	15	ParHystKurz	15	15	ParHystKurz
60	5	5	ParHystKurzT	5	5	ParHystKurzT
61	1000	1000	ParTauKurzS	1000	1000	ParTauKurzS
62	10	10	ParTauKurzF	10	10	ParTauKurzF
	// SPAZ	// SPAZ		// SPAZ	// SPAZ	
63	10	10	SPAZI1	10	10	SPAZI1
64	120	120	SPAZI2	0	0	SPAZI2
65	3	3	SchwI	3	3	SchwI
66	2	2	ParHystI	2	2	ParHystI
67	100	100	SchwU1	100	100	SchwU1
68	0	0	SchwU2	0	0	SchwU2
69	20	20	ParHystU	20	20	ParHystU
	// Drahtantrieb	// Drahtantrieb		// Drahtantrieb	// Drahtantrieb	
70	1	1		1	1	
71	1	1		1	1	
			// ASR			// ASR
72			0			0
73			0			0
74			0			0
75			0			0

Tabelle-39: RPA-Regler - Teil2

U/I-Regelung						
Bemerkung (alte PulsUI)	SwtFlaS	SwtFlaF1	SwtFlaF2	SwtFlaF3	SwtIUm1	SwtIUm2
sehr steil	1000	600	600	40	200	100
steil	800	600	600	40	200	100
flach	450	600	100	20	180	100
sehr flach	450	400	250	100	180	80
Spezial 1	600	600	65	600	130	70
Spezial 2	600	800	50	400	140	70
Spezial 3	900	700	55	30	160	100
Spezial 4	600	500	10	400	100	70
Spezial 5	400	400	10	400	100	70
Spezial 6	200	300	100	50	150	80
Bemerkung (neue PulsUI)	SwtFlaS	SwtFlaF1	SwtFlaF2	SwtFlaF3	SwtIUm1	SwtIUm2
Spezial 1	1000	600	1	300	96	94
Spezial 2	1000	850	130	50	235	130
Spezial 3	900	800	400	10	40	20
Spezial 4	800	600	50	50	30	10
Spezial 5	900	800	100	28	150	80
K2 - UINEUSPEZ6	**300**	**600**	**300**	**120**	**180**	**100**
K3 - UINEUSPEZ6A	**300**	**600**	**300**	**120**	**105**	**25**

Tabelle-40: U/I-Regelung - Impulsformen

I/I-Regelung (K2 - KSB / K3 - NoKSB)								
Bemerkung (alte PulsII)	SwtFlaS1	SwtFlaS2	SwtFlaF1	SwtFlaF2	SwtFlaF3	SwtIUm1	SwtIUm2	SwtIUm3
sehr steil	1000	150	600	600	50	60	100	80
steil	800	150	500	500	50	60	100	100
flach	600	150	600	600	50	60	100	80
sehr flach	400	150	400	50	50	60	150	60
Spezial 1	1000	150	600	1	300	60	96	94
Spezial 2	1000	150	600	1	300	60	180	178
K2 - IISPEZ3	**600**	**150**	**600**	**400**	**100**	**60**	**100**	**70**
K3 - IISPEZ3A	**600**	**150**	**600**	**400**	**100**	**-10**	**30**	**0**
Spezial 5	500	150	600	120	120	60	250	88
Spezial 6	800	50	800	300	50	20	180	88
Bemerkung (neue PulsII)	SwtFlaS1	SwtFlaS2	SwtFlaF1	SwtFlaF2	SwtFlaF3	SwtIUm1	SwtIUm2	SwtIUm3
Spezial 1	600	120	400	150	50	40	280	240
Spezial 2	600	120	400	150	50	40	130	90
K2 - IISPEZ4	**600**	**150**	**600**	**400**	**100**	**110**	**260**	**220**
K3 - IISPEZ4A	**600**	**120**	**400**	**150**	**50**	**40**	**190**	**150**
Spezial 5	600	150	400	150	50	40	250	210
Spezial 6	600	150	400	150	50	40	280	240

Tabelle-41: I/I-Regelung - Impulsformen

Literaturverzeichnis

[1] Intranet-Homepage der BMW Group
www.bmw.de

[2] GDA - Gesamtverband der Alu-Miniumindustrie e.V.
Schülerarbeitsblätter, Bremen/ Düsseldorf, 2004

[3] Prof. Dr. X. Jiang; "Werkstofftechnik II - XII Aluminiumlegierungen";
LOT - Chair of Surface and Materials Technology, 2005

[4] Alois Lang; "MIG-Handschweißen Fortbildungsseminar Aluminium";
BMW Group, 2000

[5] Wolfgang Beitz und Karl-Heinz Küttner; "Dubbel, Taschenbuch für den Maschinenbau"; Springer-Verlag, 1990, 17. Auflage

[6] Thomas Ammann; "Schutzgasschweißen und Formieren von Werkstoffen"; Linde Gas, Unterschleißheim, 2004

[7] Dr. sc. techn. Martin Schellhase; "Der Schweißlichtbogen - ein technologisches Werkzeug"; VEB Verlag Technik, Berlin

[8] Mag. Ing. Heinrich Hackl; "Neue Generation von MSG-Schweißanlagen"; Fronius Schweißmaschinen KG; Austria

[9] Homepage der freien Enzyklopädie Wikipedia
www.wikipedia.de

[10] Gesellschaft für Schweißtechnik International mbH;
"Schweißen auf 2000 Seiten", DVS Verlag, 2003